欧洲研究区建设研究

刘慧 著

OUZHOU YANJIUQU JIANSHE YANJIU

Southwestern University of Finance & Economics Press
西南财经大学出版社

图书在版编目(CIP)数据

欧洲研究区建设研究/ 刘慧著 . —成都：西南财经大学出版社,2018.4
ISBN 978 - 7 - 5504 - 3417 - 2

Ⅰ. ①欧… Ⅱ. ①刘… Ⅲ. ①欧洲联盟—科学研究事业—建设—研究
Ⅳ. ①G325

中国版本图书馆 CIP 数据核字(2018)第 053110 号

欧洲研究区建设研究

刘慧　著

责任编辑:廖韧
助理编辑:张春韵
封面设计:穆志坚
责任印制:朱曼丽

出版发行	西南财经大学出版社(四川省成都市光华村街55号)
网　　址	http://www.bookcj.com
电子邮件	bookcj@ foxmail.com
邮政编码	610074
电　　话	028 - 87353785　87352368
照　　排	四川胜翔数码印务设计有限公司
印　　刷	四川五洲彩印有限责任公司
成品尺寸	170mm × 240mm
印　　张	10.25
字　　数	184 千字
版　　次	2018 年 4 月第 1 版
印　　次	2018 年 4 月第 1 次印刷
书　　号	ISBN 978 - 7 - 5504 - 3417 - 2
定　　价	68.00 元

序

在全球化时代，国际竞争力的强弱与一国经济发展的关系越来越密切。毋庸赘述，提升国际竞争力的有效手段之一就是充分利用科技革命的优势，强化创新能力。科技兴则民族兴，科技强则国家强。因此，在一定意义上，传统意义上的推动经济增长的"三驾马车"（投资、消费和出口），应该加上必不可少的创新。

近几年，国内学术界在热烈讨论"中等收入陷阱"，这一术语是世界银行发明的。从世界银行发表的多个研究报告中可以看出，"中等收入陷阱"的定义应该是：一个发展中国家在进入中等收入国家的行列后，随着人均收入的提高，劳动力成本会上升。而它的产业结构及科技创新却未出现显著的改善或进步。其结果是，它既不能与劳动力成本更低的其他发展中国家竞争，又无法与发达国家竞争，从而陷入一种进退两难的境地。

如何避免"中等收入陷阱"？中国和世界上许多新兴经济体的发展进程表明，最佳的应对之道就是强化创新能力。

如何强化创新能力？这也是一个必须要回答的重大问题。

"条条大路通罗马"。由于国情不同，强化创新能力的方式方法必然是不同的。在欧盟强化其创新能力的多种方式方法中，研究区建设颇为引人注目。

构建欧洲研究区的设想是欧盟委员会在2000年提出的。应该指出的是，欧洲研究区不是一个坐落在某地的科研机构，而是一种整合欧盟科技资源的科研体系。在这一体系内，欧盟各成员国的科技资源（包括科研人员、技术、知识和信息）互通有无，相得益彰。这必然会有效地发挥欧洲研究区的整体优势。

刘慧博士在本书中探讨了这几个问题：欧洲研究区建设的理论依据、欧洲研究区建设的由来和目标、欧洲研究区建设的方式方法、欧洲研究区建设的进程回顾、欧洲研究区建设效果的评价、欧洲研究区建设对中国开展跨区域创新合作的启示以及欧洲研究区建设对构建京津冀协同创新共同体的启示。这些问题既有理论意义，又有现实意义。

中共中央总书记、国家主席、中央军委主席习近平十分关心京津冀协同发展问题。早在2014年2月26日，他在听取京津冀协同发展工作的汇报时就指出，实现京津冀协同发展，是面向未来打造新的首都经济圈、推进区域发展体制机制创新的需要，是探索完善城市群布局和形态、为优化开发区域发展提供示范和样板的需要，是探索生态文明建设的有效路径、促进人口经济资源环境相协调的需要，是实现京津冀优势互补、促进环渤海经济区发展、带动北方腹地发展的需要，是一个重大的国家战略。

"他山之石，可以攻玉"。欧洲研究区建设的一些做法，完全可以为我所用。例如，早在2015年，北京、天津和河北就提出了构建京津冀协同创新共同体的宏伟目标。这一共同体将以北京为核心，将京津冀三地整合成为一个世界级的城市群，使创新成为其经济增长的引擎。那么欧洲研究区能为京津冀协同创新共同体提供什么样的经验？刘慧博士在本书中总结了这几点：做好顶层设计、完善制度建设、强化跨部门合作。

国内学术界对欧洲研究区的研究几乎是一个空白。因此，刘慧博士的专著能在一定程度上弥补这一空白。

江时学
中国社会科学院欧洲研究所研究员
上海大学特聘教授
2017年国庆节

前　言

在知识经济时代，研究与创新能力决定了一个国家和地区的经济发展潜力，因此世界各国都在试图寻求提高本国和地区研究与创新能力的最有效途径。从历史上看，欧洲地区是在研究和创新领域具有传统优势的地区，但由于欧洲各国研究力量分散，研究与创新政策不协调，科技成果转化能力较低，欧盟在世界上的整体创新竞争力呈现下降趋势。欧盟各国意识到只有整合各国研究与创新资源，协调各国的研究与创新制度，推进欧盟科技创新一体化才能依靠集体的力量使欧盟的创新竞争力得到提升。欧盟各国最终于 2000 年达成一致意见，决定建设欧洲研究区，打造欧盟统一的研究与创新区域，协调各成员国的研究与创新资源、项目和政策，使得研究人员、知识和技术在区内实现自由流通，提升知识的创造、传播和转化能力。从本质上看，欧洲研究区是一个欧盟泛区域创新系统，其关注的核心要素是知识，并不局限于创造知识的研究阶段，而是关注知识在创新链条各个环节的流通，致力于解决研究与创新的市场失灵与系统失灵问题，最终目标是提升欧盟的整体创新能力，并以此推动欧盟经济的增长和就业的增加。

在建设欧洲研究区的过程中，每一次做重要决策前，欧盟都会广泛征求各利益相关方的意见。因此，影响欧洲研究区决策的机构分别来自于欧盟、成员国和地区、各利益相关组织，既包括欧盟相关机构、成员国及其地方政府的相关管理部门，又包括多个高级专家组、咨询机构、论坛组织及与研究有关的利益相关组织。在欧洲研究区建设过程中，可通过开放式协调机制及加强伙伴关系协调各行业主体之间的利益，在竞争与合作中求得平衡，逐渐推进欧洲研究区的建设进程。在欧洲研究区建设过程中，欧盟、成员国政府和企业等行为主体推出了很多开创性的治理工具，包括基金类工具、合作平台类工具、信息服务类工具和监督工具等，这些工具在欧洲研究区建设中起到了重要的推动作用。

通过十多年的努力，欧洲研究区建设已经初现成效，其对成员国的政策导向作用在加强，使成员国的研究与创新战略趋于一致，促进了欧盟层面研究与创新政策的发展；推进了欧洲研究区内的研究与创新合作机制，加强了成员国之间在研究与创新领域的合作，增强了产学研的研究与创新合作；增强了欧盟对研究人才的吸引力，推动了人才在欧盟范围的流动，缓解了研究领域性别不平衡的问题；促进了知识的自由传播和流动，提高了知识转化能力。但由于欧盟各成员国的经济基础、创新能力、制度、文化有很大的差异性，使得各成员国政府及成员国内的利益相关组织参与欧洲研究区建设的积极性及建设成效差异很大，欧洲研究区的全面建成还需要一个较长的时期，目前最关键的是成员国层面的建设。

我国在建设创新型国家的过程中也面临有效整合各地区创新资源、协调各地区发展战略、加强产学研合作机制等问题，欧洲研究区建设中所取得的经验对我国完善区域研究与创新合作机制、建设国家创新系统、建设区域协同创新共同体如京津冀协同创新共同体都有借鉴意义。由于欧洲研究区的建设跨越成员国的国界并面向国际，因此其跨国科技合作模式也对我国发展国际科技合作有启示作用。

本书主要探讨这几个问题：欧洲研究区建设的理论依据、欧洲研究区建设的由来和目标、欧洲研究区建设的方式、欧洲研究区建设的进程回顾、欧洲研究区建设效果的评价、欧洲研究区建设对中国的启示。

目 录

绪论

一、研究背景和研究意义

（一）研究背景

创新是经济增长和社会发展的源泉，人类社会每一次重大发展都是建立在重大科技创新基础上的。世界各国对创新的重视程度日益加深，都将创新竞争力看作是国家创新竞争力的重要组成部分。除了对技术创新加大投入外，也重视制度创新对技术创新的推动作用，除从制度上对技术创新给予激励和保障外，还设立制度推动多层次的创新合作，从微观层面创新主体间的创新合作，如区域间创新合作、国际创新合作，共享创新资源，提高创新效率。在推动创新的区域合作及国家间合作方面，欧盟地区一直以来都在积极探索有效的模式。从历史上看，欧洲在研发领域是一个具有传统优势的地区，但随着 21 世纪知识经济时代的到来，由于科技成果在市场中的转化能力相对较差，欧盟国家在应对全球创新竞争方面面临着很大的压力。欧盟在创新能力上一直落后于美国和日本，同时又被韩国、中国等新兴国家快速赶超。韩国的创新能力目前已经超过欧盟，并且还在进一步扩大领先优势，中国与欧盟在创新能力上的差距也在不断缩小。同时，欧盟各国还面临着经济增长乏力、气候变化、失业率高、人口老龄化、能源安全等问题，解决这些问题都需要依靠科技创新能力。在这种形势下，欧盟各国认识到单靠任何一个成员国的力量都无法解决欧盟面临的问题，必须要整合整个欧盟的研究和创新力量，团结各成员国和地区，联合所有的创新相关部门共同努力，清除阻碍欧盟创新的制度障碍，才能提高欧盟整体的创新能力以应对各种挑战。

近年来，欧盟一些成员国的创新能力一直在世界上位居前列，尤其是北欧的一些国家，如芬兰、瑞典、德国、丹麦等，这些国家的共同之处是国家政策得当，以创新系统理论为指导，在国家创新系统建设方面取得了卓越的成就，使创新资源得到了有效整合，从而大大提高了国家的创新能力。即便在欧债危机的背景下，这些国家仍保持经济的持续增长，就业率也高于欧盟的平均水平。但是欧盟国家经济发展水平很不平衡，东扩以来这个问题更加突出。欧盟定期发布的《创新联盟记分牌》显示，创新领先国在体现创新能力的各项指标上都远远优于创新落后国，虽然每年排名略有变化，但发展不平衡问题始终比较突出。在这种现状下，通过什么方式能将欧盟各成员国的创新资源有效整合在一起，通过何种机制能使成员国在竞争与合作中达到平衡并从整体上提升欧盟的创新能力，是欧盟在战略层次上思考的重大问题。由于跨越国界，创新要素的整合比在一国之内整合资源更加复杂，更需要治理上的创新。最终，欧盟选择了以建设欧洲研究区的方式来整合欧盟各国的创新资源。

2000 年 1 月，欧盟委员会在法国斯特拉斯堡的会议上讨论并通过了由负责研究的委员布斯坎（Busquin）提出的题为《建立欧洲研究区》的报告。该报告的主要内容是有关建立欧洲研究区的设想与做法，最初的目标是改善欧洲研究系统的效率和效益。随后，在 2000 年 3 月欧盟理事会召开的里斯本会议上，正式提出了要建立欧洲研究区（European Research Area，简称 ERA）。欧盟各成员国对于研究和创新的重要性达成共识，认为研究和开发在经济增长、增加就业和社会融合中起着重要的作用，联盟必须致力于"建立一个欧洲研究区"，使研究活动在国家和欧盟层面更好地协调，使研究活动尽可能高效和有创新性，并确保欧洲对最优秀的人才具有吸引力。欧洲研究区可以看作一个欧盟泛区域创新系统，里面包括成员国的国家创新系统以及成员国地区的创新系统，基于各主体对共同利益的追求，将各国的创新相关主体凝聚在一起，形成一种超越了国家界限的系统合作关系。这种共同利益通过彼此合作来提升整体创新能力以促进各国的经济增长和就业，应对共同面临的社会挑战。

各国不可能所有利益完全一致，各成员国之间在追求共同利益的同时也会存在竞争，甚至是冲突。在欧盟，大部分的科技创新相关政策是在成员国层面上执行的，由于各成员国的研究创新政策针对于提高本国的创新竞争力，往往不能从欧洲整体的角度来制定政策，使得有些成员国科技创新战略的发展重心放在相同的研究领域，造成很多的重复建设和资源的浪费。而且对于一些大的研发项目来说，投资大、研究周期长，再加上市场失灵的存在，如果单靠市场的需求调节，这类项目往往无法展开，还有些大项目所需要整合的资源甚至超出了单个成员国的能力。为了平衡欧盟各国的合作与竞争，解决冲突，欧盟各国需要通过建立一个有效的治理机制来激发各国创新相关主体参与合作的积极性，提升创新主体的创新活力。随着欧洲一体化的推进，进一步在欧盟层面上订立统一的研发与创新政策，建立统一的欧洲研发与创新市场，对于提升欧盟整体创新能力，促进欧盟经济增长和增加就业至关重要。因此，欧洲研究区的建设是欧洲一体化进程推进的必然结果，欧盟希望通过欧洲研究区建设进一步协调欧盟、成员国及其区域各层级各种影响创新的政策，如促进科研人员跨界交流的移民政策、社会保障政策，针对科研项目跨界融资和项目跨界合作的政策，基础设施跨界共建和共享政策、研究数据的跨界流动政策等；鼓励合作研究，减少重复研究，使资源实现更加有效的配置，通过研究力量的有效整合产生规模效益，保证欧洲研究资源的最有效利用；为创新系统中的最核心要素——知识的有效流动创造条件，建设人才、资金和知识可以自由流通的欧洲统一研发与创新市场；保持欧洲科学研究的卓越性，提高欧盟的创新能力，有效应对气候变化、粮食和能源安全以及公共健康等重大挑战。

欧盟对欧洲研究区建设十分重视，欧洲研究区在欧盟近二十年来的各项重大战略中都被确立为重要的内容。从"里斯本战略"到"巴塞罗那目标"，再到目前正在实施的"欧洲2020战略"，欧洲研究区都被寄予厚望，欧盟将欧洲研究区视作建立欧洲创新联盟的核心内容。欧盟在第六个"框架计划"中把欧洲研究区确立为一个重要的建设内容，在后续的"框架计划"中也对欧洲研究区的各项治理工具不断加大投资力度。在知识经济时代，欧盟各国都认识到，要想在全球竞争中占有一席之地，应对面临的各种挑战，必须整合各成员国的创新资源，将成员国的国家创新系统有效联系在一起，共同应对挑战。虽然整合欧盟创新资源的想法很早就在成员国之间达成了共识，但由于欧盟本身是一个多层治理的机制，研究与创新政策的制定更是分欧盟、成员国和成员国地区三个层级，不同层级的相关机构对研究与创新政策的理解和执行方式是不同的，不同层级的政策制定考虑的是不同层面的利益，如区域科技创新政策考虑的是区域竞争力的提升，而国家的科技创新政策考虑的是一个国家的利益，欧盟的政策制定则要考虑欧盟整体，着眼于整合欧盟资源以提高欧盟整体创新竞争力。因此，欧洲研究区的治理不仅要协调欧盟、成员国、成员国地区三者之间的纵向关系，还要协调政府、高等院校、研究机构、企业、创新服务机构之间的横向关系。欧洲研究区的治理是复杂的，因此，欧洲研究区的建设必将不是一个简单、顺利的过程。

（二）研究意义

1. 欧洲研究区的建设能验证泛区域创新系统理论并推动其发展

自20世纪中叶系统科学兴起以来，"系统范式"研究方法引入到了创新的研究中。近年来，创新系统的研究引起了世界各国的重视，目前主要集中于对国家创新系统和区域创新系统的研究，各国纷纷根据本国和地区的特点在创新系统理论的指导下构建创新系统以提高本国和本地区的创新能力。创新系统关注影响创新的各个要素、各个环节以及彼此之间有效联系的建立。从各国的实践来看，创新系统的建设被证明确实有助于一国或一个地区提升创新能力。从理论角度来说，跨国界的泛区域创新系统是可以存在的，但目前这方面的研究还不多，随着国际技术合作的进一步深化以及世界区域化发展趋势的进一步加强，对泛区域创新系统理论进行研究是被现实所需要的。欧盟地区是世界上一体化发展最好的区域，建设欧洲研究区的实质就是建立欧盟泛区域创新系统，要使欧盟各成员国的创新要素在这个系统中有效整合，使知识在系统内自由流动从而提升整个欧盟泛区域创新系统的创新能力。实践往往先行于理论，国家创新系统理论就是在学者对美国和日本提高国家创新能力的成功经验进行剖析的过程中产生并发展起来的，区域创新系统理论也是学者对在创新方面取得卓越成效的区域进行研究的过程中逐渐发展起来的。欧盟对于欧洲研究区建设的实践探索是将创新系统理论和实践相结合，探索跨国创新主体相互作用与合作的机制和规律，消除阻碍系统内要素有效整合的因素，最大限度地提高泛区域创新系统的创新绩效。因此，通过对欧洲研究区的研究，可以从其建设中总结规律性经验，促进泛区域创新系统理论的发展。

2. 研究欧洲研究区有利于把握欧盟未来的创新发展战略

欧洲研究区的建设是目前欧盟提升其整体创新能力的最重要举措之一，从2000 年至今，欧洲研究区已经建设了十余年，从初步的设想到概念越来越清晰、目标越来越明确、措施越来越具体、监督机制越来越完善，在建设过程中取得了一定成效，也积累了一定经验。但是欧洲研究区建设仍有很多问题尚待解决，如成员国之间的研究和创新政策还有待进一步协调，成员国之间创新能力的差距还比较大，欧盟在世界上的创新竞争力并没有显著提升，整体研发投入受到欧债危机的影响，增速减慢，甚至有些成员国和有些部门的科研投入下降，距离科研投入占 GDP 的 3% 的目标还有不小的差距。根据"欧洲 2020 战略"，欧盟建成欧洲研究区的最后期限是 2014 年，目标是到 2014 年前要建成欧洲研究与创新的统一市场，使各成员国的科研人员、机构及相关企业加强互动、增进合作，提高欧盟的科技水平、创新竞争力和创新能力。目前看来，这个目标在 2014 年并未全面实现。没有按期实现的原因是多方面的，最重要的原因是欧洲研究区治理机制的"软"治理使得欧盟层次制订的计划在成员国层面的执行程度有很大差别；也与困扰欧洲大陆几年的欧洲债务危机有关，欧债危机造成的最直接的影响是从总量上减少了欧盟整体的创新投入；也与近年来欧洲一体化进程受到的政治考验有关，影响了成员国政府对欧洲研究区的关注。但不可否认的是欧洲研究区建设已经取得了初步成效，上至欧盟下至大部分成员国和地区对实现欧洲研究区的决心是坚定的。欧盟 2015 年制定了《欧洲研究区发展路线图》，对欧洲研究区建设的最终建成是一个指导性文件，希望欧洲研究区在各成员国层面的建设目标更明确、更协调、更高效。对欧洲研究区十余年的建设情况进行梳理和分析，研究欧洲研究区的建设方式及建设成效，分析其成就和不足，总结欧洲研究区的建设经验及教训，对于把握欧盟创新发展战略、了解欧盟提升创新能力的措施、预测欧盟未来研究与创新发展前景是有重要意义的。

3. 欧洲研究区的建设对其他国家和地区有借鉴意义

在全球化的知识经济时代，科技创新合作越来越普遍，先是企业间的创新合作、产学研机构之间的创新合作、政府之间的创新合作，又逐渐发展到创新主体在一国内的跨区域合作，乃至创新主体跨国间的合作。推动科技创新的国际合作已经列入了很多国家的创新发展战略中。跨国的科研和创新合作越来越多，是世界经济和社会客观发展的需要。在应对人类共同面临的环境、气候、能源、健康等问题上，若凭一国之力成本太高、风险太大，需要联合世界各国的力量。创新合作的边界已经跨越国界，但是在合作模式、知识共享、创新成果分享等方面还有许多机制需要探索。在欧洲研究区建设中，要试图建立各国间有效的研究与创新合作机制，找到各国研究与创新竞争与合作的平衡点，提高欧盟的整体创新能力，整合欧盟各国的研究与创新力量。建立欧洲研究区，既是解决欧洲目前困境的切实办法，又为世界上其他相邻国家之间建立研究与创新的合作机制提供了有益的借鉴。因此，研究欧洲研究区有助于探索跨国科研和创新合作的有效方式。同时由于欧盟一体化的背景，欧盟成员国之间的联系比一般的相邻国家更密切，能够给像中国这样人口众多、地区发展不平衡的大国在如何有效整合各区域创新资源、建立有效的国家创新系统、发展区域协同创新方面提供有益的启示。

二、欧洲研究区的含义

"欧洲研究区"的概念最初由欧盟委员会于 2000 年在《建立欧洲研究区》的报告中提出，并没有一个明确的定义，只是概述了欧洲研究区概念包含的十项内容，分别是：建设欧洲现有卓越研究中心的网络体系并利用新的互联工具建立虚拟中心；对欧洲大型研究设施的投资和建设采取一致行动；使国家层面和欧洲层面的研究行动更协调，加强欧洲科学技术机构之间的合作；更有效地利用各种手段以促进研究和创新投入的增加；设立政策执行的共同科技参考系统；增加科研人力资源的数量，提升其流动性；汲取区域和地区关于知识转化的先进经验，发挥地区在欧洲研究中的作用以增加欧洲研究的协调性；加强东西欧科学界、企业界和研究人员的联系；增强欧洲对世界科研人员的吸引力；提升科学技术领域共同的社会价值和伦理价值。

2002 年 10 月，欧盟委员会发布了题为《欧洲研究区：提供一种新动力》的通讯，总结了欧洲研究区概念的三个关键点：第一，建立运行良好的统一研究市场，研究人员、知识和技术可在其中自由流通以增进协作，鼓励竞争并优化资源配置；第二，有效协调各国研究行为和研究政策以重构欧洲的研究结构；第三，发展欧洲研究政策，其内容涉及对研发活动的经费资助，以及与欧盟及其成员国其他政策相关的方面。

2007 年，《欧洲研究区：一种新视角》中提出欧洲研究区的概念为：研究的"内部市场"，研究者、技术和知识在其中自由流通；国家和区域层级的研究活动、项目和政策在欧洲层面上有效统一；行动在欧洲层面上得到资助并执行。

2007 年，欧盟各国签署的《里斯本条约》中，第 179 条将欧洲研究区明确定义为："以内部市场为基础的面向全世界的统一的研究区域，研究人员、科学知识和技术在其中自由流通，通过其发展来加强联盟及成员国的科学和技术基础，提高其竞争能力以及联合应对重大挑战的能力。"

目前，在欧盟及成员国中一致认同的是《里斯本条约》中所明确的欧洲研究区的定义。欧洲研究区的概念虽然从 2000 年以来越来越精炼，但所包括的关键点并没有改变，只是更加突出欧洲研究区的关键要点，即在欧洲统一的研究区域内，知识及其载体能自由流通，各国研究行动和研究政策能得到统一。

从定义中可以看出欧洲研究区建设的核心是促进知识的流通，因为研究人员和技术都可以看作是知识的载体，而知识是协同创新共同体中的核心要素，是创新合作链条上的最关键流动要素，也是各创新主体协同创新合作网络上的关联要素。欧洲研究区旨在通过促进知识流通加强创造知识的各部门之间的合作，提高欧盟地区的整体创新能力。欧洲研究区的建设是将欧盟统一市场延伸到了科研领域，将知识要素打造为继商品、服务、人员和资本四个自由要素的"第五个自由"要素。

欧盟希望在欧洲研究区建设中通过有效治理，激发相关利益方的参与积极性，提升研究与创新主体的创新活力。

三、研究现状

欧洲研究区尚未引起欧盟以外的学者的广泛关注，目前对欧洲研究区进行研究的基本都是欧盟的组织和学者。欧洲研究区的概念正式提出以前，欧盟关于欧洲创新一体化就有一些有益探索，比较有影响力的是欧盟委员会资助的由多国学者合作的"创新系统与欧洲一体化"的研究计划，该计划于1996年开始，于1998年完成，研究如何将创新系统理论及方法运用于欧洲创新系统，其总体目的是详细阐述"创新系统理论方法"。这一计划对创新系统理论研究的层次性做了清晰的概括，认为一个创新系统能在多种意义上"超国家"。除这一研究计划外，欧洲其他的研究组织也展开过相关的理论探索。在进行理论探索的同时，欧洲国家还进行了许多卓有成效的实践，主要体现在欧盟成员国的各种科技合作计划上，其中最成功的实践体现在一系列的"研究与技术开发框架计划"中，欧盟已经实施了七个框架计划，目前正在实施的是"地平线2020"，实质是新的框架计划，没有延续以往的命名方法是为体现欧盟希望在创新理念方面做出改变。

　　欧盟在2000年明确提出了建立欧洲研究区，从那时起，欧盟成员国、欧盟机构及各利益相关机构都积极投入到对欧洲研究区的研究中，尤其是欧债危机爆发以来，欧盟各界对欧洲研究区的重视度加强，关于欧洲研究区的报告、结论、文件越来越多。具有重要意义的文件主要有：2000年1月18日的题为《建立欧洲研究区》的报告，该报告的主要内容是有关建立欧洲研究区的设想与做法。这份报告中关于欧洲研究区的概念尚不够清晰，只是提出了概念所包含的十个要素。2002年10月，欧盟委员会发布了题为《欧洲研究区：提供一种新动力》的通讯，其中欧委会总结了欧洲研究区概念的三个关键点，比起2000年的报告，欧洲研究区的框架更清晰了一些，在这份通讯中将欧洲研究区的目标分解成六个层次。在2007年，欧盟委员会发布了《欧洲研究区：新视角》的绿皮书，对于欧洲研究区的概念重新进行了阐释，使欧洲研究区的概念更清晰，而且归纳出欧洲研究区建设的六个层面，即单一的研究人员劳动力市场、世界级的研发基础设施、加强研究机构的力量、促进知识流通和分享、优化研究项目并确定优先发展顺序、开展国际合作。2008年5月，欧盟理事会的报告《卢布尔雅那进程：全面实现欧洲研究区》明确了改善欧洲研究区治理和制定共同发展远景的重要性，概括了远景应包括的五个部分内容，强调了治理应遵循的原则。欧盟委员会于2010年3月发布的《欧洲2020》报告中提出成立"欧洲创新联盟"是七大旗舰计划之首，而欧洲研究区是建设创新联盟的核心。2012年7月17日，欧盟委员会发布了题为《加强欧洲研究区伙伴关系，促进科学卓越和经济增长》的政策文件，明确了在建设欧洲研究区过程中发展相关主体间的伙伴关系的重要性，这份文件也对欧洲研究区现状进行了一个分析和评估，并且指定了发展的五大优先领域。2013 年，欧盟委员会发布了《欧洲研究区发展报告 2013》，介绍了成员国在欧洲研究区建设方面已经采取的措施及所取得的成就，提供了目前欧盟及成员国在几大优先发展领域建设情况的实例和数据（COM（2013）637 final）。2014 年，欧盟委员会发布了《欧洲研究区发展报告 2014》，对欧洲研究区在各成员国的建设情况进行了比较和分析，分析了欧洲研究区各主体建设欧洲研究区的进展。2015 年，欧盟理事会发布了《欧洲研究区路线图 2015-2020》，回顾了欧洲研究区建设的进展及重要的文件，重申了欧洲研究区在欧洲创新联盟建设中的基石作用，提出了在 2012 年，欧盟《加强欧洲研究区伙伴关系，促进科学卓越和经济增长》政策文件提出的欧洲研究区建设五大优先领域的基础上加上一条——"欧洲研究区的国际化"，路线图为欧洲研究区的下一阶段建设提供了具体的指导。2017 年，欧盟委员会发布了《欧洲研究区发展报告 2016》，第一次对成员国参与欧洲研究区建设的各项评价指标进行了排序，可见欧盟下一阶段将欧洲研究区建设的重点放在成员国层次的建设，欧洲研究区最终能否建成，关键在成员国的支持和参与。在各个优先发展领域中，都能清晰地从评价表中看出这一领域在成员国中的建设情况，能清晰地看出建设欧洲研究区的主要参与力量，体现出欧洲研究发展报告的监督作用也在进一步加强。

欧洲的一些学者也从不同角度对欧洲研究区进行了研究。2003 年，斯特法诺·布莱斯基和露琪娅·古斯马诺发表文章《揭开欧洲研究区的本质：在欧盟框架计划下出现的集团网络》，作者认为欧洲研究区的实质就是有影响力的优秀研究中心之间的有效合作，这些有影响力的集团在框架计划下就已经出现，它们联结成有效的研究网络，开展有战略意义的项目的研究，使知识有效传播，产生的溢出效应能扩散到不发达地区，最终提升欧盟整体的创新竞争力。文章还对欧洲研究区关于欧盟层面的制度构建提出了建议。埃克（2005）的文章《促进欧洲研究区的科学流动性与平衡增长》关注了欧洲研究区中的科学流动问题，分析了科学流动对地区和科研工作者的影响。强调发展欧洲研究区的战略要注意地区的平衡发展问题，避免造成包括研究人才在内的科研资源从不发达地区向发达地区的单向流动[①]。2012 年，莱米·巴莱发表文章《衡量欧洲研究区的一体化和协调机制》，关注为实现欧洲研究区进行的国家和区域创新系统的重构，聚焦于创新行为在欧洲层面上的一体化，从实证角度对创

---

① Louise Ackers. "Promoting Scientific Mobility and Balanced Growth in the European Research Area" [J]. Innovation：The European Journal of Social Science Research，2005，18（3）：301-317.

新的一体化程度进行了量化分析①。挪威的 Kjetil Rommetveit 等 2013 年的文章《历史研究的角度分析欧洲研究区的前景》认为，科技政策发展史、科技哲学和科技社会学对于分析欧洲先行的科技发展举措如欧洲研究区的建设有重要意义，欧洲价值观的形成和发展在欧盟科技合作发展中有着重要的影响，在进行历史分析的基础上重新评价了欧洲研究区目前的运行状况。斯洛伐克日利纳大学的 Branislav Hadzima 等 2015 年的论文《旨在减少欧洲研究区发展不平衡性的科技园和研究中心中的可持续要素》主要从资金支持的角度分析了科技园和研究中心的可持续性发展问题，文章指出欧盟为了减少科技创新发展的不平衡性，投入了很多名目的资金，要想保证这些资金的持续性，以斯洛伐克的研究机构为例，分析了减少风险、提高发展可持续性的建议②。CARLOS Alberto Fernandes De Almeida Pereira 在 2016 年的文章《欧洲研究区中的跨国合作：科学研究基金管理的机遇与挑战》中提出欧洲研究区的三大基本原则是知识的开放式获取、研究人员自由流动和成员国科研项目的协调化，在跨国合作的背景下讨论欧洲研究区内研发基金的开发和组织策略。

随着欧洲研究区伙伴关系的加强，有很多欧洲的咨询机构和研究机构也对欧洲研究区进行了研究。2010 年，联合研究中心的前瞻技术研究所的研究者苏珊娜等撰写的报告《发展欧洲研究区：开放国家研发项目及采取联合研发政策措施》，旨在为欧盟、成员国及地区层次的政策制定者在实现欧洲研究区 2020 远景目标方面提供建议。报告认为，要实现欧洲研究区有两个关键点，一是通过开放国家研发项目加强知识在欧洲研究区中的扩散；二是通过联合项目加强创新资源的投入及共同研发政策的制定。2011 年，欧洲研究区委员会在《发展欧洲研究区框架的意见》中总结了欧洲研究区建设以来取得的成绩，分析了阻碍欧洲研究区建设的障碍并提出了解决问题的建议。2012 年，由联合研究中心的前瞻技术研究所（Joint Research Centre-Institute for Prospective Technological Studies）、社会创新中心（The Centre for Social Innovation）和德国弗劳恩霍夫系统与创新研究院（Fraunhofer Institute for Systems and Innovation Research，ISI）研究机构的研究者们为"欧洲研究区的未来前景"项目撰写报告

---

① Remi Barre, Luisa Henriques, Dimitrios Pontikakis, Matthias Weber K. Measuring the integration and coordination dynamics of the European Research Area [J]. Science and Public Policy, 2013, 40: 187 -205.

② Branislav Hadzima, Stefan Sedivy, Lubomir Pepucha, et al. Sustainability Factors of Science Parks and Research Centers in Relation to Reducing Imbalance in European Research Area [J]. European Scientific Journal, 2015, 11 (1): 237-247.

《欧洲研究区结构图》的第一版，分析了欧洲研究区中各利益相关者在欧洲研究区中的角色，揭示了欧洲研究区的治理结构、政策环境，并分析了欧洲研究区与"欧洲2020战略"的关系。2013年，对应《欧洲研究区发展报告2013》，欧盟的研究与创新总司发布了《关于履行欧洲研究区的建议通讯——2013专家组报告》，报告逐个分析了2012年确定的优先发展领域，为了加快欧洲研究区的建设，对欧盟、成员国、协议国和利益相关组织的关键行动提出了建议，推举出在优先发展领域中建设较好的典范国家，并对这些成功案例进行了分析，以供大家效仿和学习①。2015年，ICF国际咨询公司为欧盟科研与创新总司完成的报告《欧洲研究区在成员国及联盟国的进展评估》从欧洲研究区的五大优先发展领域及国际化程度方面评估了成员国和联盟国参与欧洲研究区建设的进展和不足。2015年，VERA组织发表了报告《在十字路口的欧洲研究区》，讨论了欧洲研究区发展乃至欧洲创新系统发展的前景，分析了影响其发展前景的关键因素，探讨了政策、执行及治理问题。

成员国对欧洲研究区的重视程度也在逐渐加强，一些成员国的学者研究了欧洲研究区对本国的影响并提出了本国应采取的对策。如2004年，英国国会科学技术办公室（Parliamentary Office of Science and Technology，POST）发布报告《欧洲研究区》，阐述了参与欧洲研究区对提高英国科技创新能力的意义，分析了在欧盟层次开展科研的优点，分析了英国目前采取的行动及效果。2011年，斯蒂芬妮等撰写的《德国与欧洲研究区》，分析了欧洲研究区的工具，包括机构及联合项目等，阐述了欧洲层面创新的重要性，并提出了德国针对欧洲研究区应当采取的战略，总结了德国面临的机遇和挑战②。

随着对欧洲研究区研究的深入以及欧洲研究区建设的逐步推进，欧洲研究区的内涵界定越来越清晰，目标越来越明确，措施制定也越来越具体，并且有可行性。欧洲研究区各利益相关方关注的重点已经从欧洲研究区的战略制定转为制订明确、具体的行动方案，但是对于一些障碍的克服尚未提出很好的办法，只能随着欧洲一体化进程的整体推进逐步解决问题。

目前，我国学者对于欧洲研究区的关注不多，相关文章仅有几篇。刘辉（2000）的《欧盟酝酿建立欧洲研究区》是我国国内第一篇介绍欧洲研究区的

① Directorate-general for Research and Innovation. Recommendations on the implementation of the ERA communication: report of the expert group 2013 [R]. Luxembourg: Publications Office of the European Union, 2013.

② Stephanie Daimer, Jakob Edler, Jeremy Howells. Germany and the European research area [J]. Studien zum deutschen Innovations system, 2011.

文章，基本是一种翻译性介绍。金启明（2002）的文章《欧盟创建欧洲研究区战略》对于欧洲研究区的背景和意义进行概括，对欧洲研究区计划的四大建设领域进行了介绍。刘进、于宜田（2016）的《促进跨国学术流动：2000年以来的欧洲研究区建设研究》一文研究了欧洲研究区建设中的人才流动问题。国内还有一些报纸从新闻的角度对于欧洲研究区进行过报道。另外，《全球科技经济瞭望》杂志中有一些文章介绍欧洲创新现状、政策和政策工具，有利于帮助理解欧洲研究区的建设和治理。目前，中国尚没有学者比较深入地对欧洲研究区进行研究，甚至连全面的介绍性文章也没有。

四、研究方法和框架

（一）研究方法

1. 文献研究法

搜集与创新系统理论相关的书籍和学术期刊，归纳泛区域创新系统的相关理论。对与欧洲研究区有关的欧盟法律、法规、政府文件和欧盟报告进行梳理，对欧洲研究区的建设情况做全面的分析。对国内外学者关于欧洲研究区的研究成果进行收集、整理、分析，对观点进行归纳，进行文献综述。

2. 比较研究法

对于欧洲研究区不同时期的建设情况进行比对，分析变化及原因，探索变化趋势。评价欧洲研究区的建设成效和存在的问题，对欧洲研究区发展前景进行预测。对欧盟地区和亚洲地区及中国地区进行分析比较，总结可以通用的促进区域科技合作方面的经验。

3. 定量研究法

通过欧盟发布的报告及欧洲统计局和 OECD 等网站发布的数据进行整理，对于欧洲研究区建设情况搜集数据进行定量分析，评价欧洲研究区的建设进展，分析不同成员国参与欧洲研究区建设的情况，根据定量分析结果评价欧洲研究区建设的成效与不足。

（二）研究内容与框架

1. 研究内容

本书主要以创新系统理论为依据，对欧洲研究区的建设进行了分析，归纳欧洲研究区的建设目标，分析欧洲研究区的建设方式，对欧洲研究区的建设成效进行评价，总结其有益经验并分析其对中国构建国家创新系统和开展国际科技创新合作的启示。

本书第一章简单分析了从线性创新理论到创新系统理论的发展，对创新系统理论进行了归纳。欧洲研究区本质是一个泛区域跨国创新系统，由于跨国层次的创新系统理论还比较缺乏，所以本书主要从对国家创新系统理论和区域创新系统理论的梳理和分析中总结出创新系统理论的共性、加入跨国创新系统的特殊性因素，归纳出泛区域创新系统的特征，并以此作为分析欧洲研究区建设的理论依据。

第二章分析了欧洲研究区建设的原因和目的。欧洲研究区的建立既是欧洲进入知识经济时代后提升整体创新能力应对共同挑战的需要，也是欧洲一体化发展到一定阶段的历史要求。结合当代创新系统理论的发展，欧盟在各成员国一定的科技合作基础上成立了欧洲研究区。欧洲研究区的直接目标是要解决影响创新的市场失灵和系统失灵问题，在研究与创新领域打造统一的研究与创新市场，使知识作为"第五个自由"实现自由流动，从而提高欧盟整体的创新能力。欧洲研究区更深层次的目标是通过加强创新促进欧盟经济的持续增长和就业的增加。

第三章对欧洲研究区的建设方式进行介绍。首先列出了欧洲研究区建设的法律依据，主要是《里斯本条约》中的相关条款，接下来对欧洲研究区的各级决策主体及影响决策的机构进行了归纳，分别介绍了不同机构的具体职能。其后对欧洲研究区的治理模式进行了分析。最后分析并归纳了欧盟为顺利推进欧洲研究区建设而开发的各种工具，并对这些工具的运行机制进行了介绍。

第四章通过梳理欧洲研究区相关文件和研究报告对于欧洲研究区的建设历程进行了梳理。

第五章根据欧洲研究区目标和任务完成情况对欧洲研究区的建设成效进行评价，分析其成就和不足。

第六章从开展国际科技创新合作角度、创建中国国家创新系统和建设跨区域协同创新共同体角度分析了欧洲研究区对中国的启示。

2. 本书的研究框架

本书的研究框架如图 1 所示。

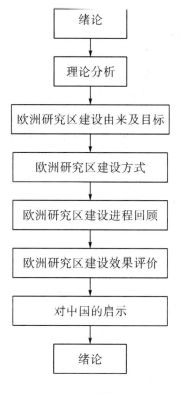

图1　研究框架

五、创新点与不足

（一）本书的创新点

1. 研究内容的创新

欧洲研究区作为"欧洲 2020 战略"中"创新联盟"旗舰计划的核心，其重要性在欧盟和成员国间已经达成共识。从 2000 年开始至今，欧洲研究区已建设了十余年，欧盟各界对欧洲研究区寄予了厚望，希望能够通过欧洲研究区的建设改变欧洲目前研究力量分散、重复建设的弊病，整合各成员国力量，通过有效的政策和治理工具能够有效提升欧盟的创新竞争力，进而促进欧盟经济的增长和就业的增加。欧洲研究区是一个泛区域创新系统，各创新主体跨越国界联结成创新网络，是一种跨国联合创新的新举措，对其他国家和地区也有借鉴意义，因此研究欧洲研究区有着重要的理论和现实意义。而目前，我国还没有人对欧洲研究区进行研究，因此这个选题是具有创新意义的。

2. 理论的创新

近年来，随着世界进入知识经济时代，国家创新系统和区域创新系统的研究越来越得到世界各国的重视，随着跨国和跨区域联合研发与创新的增多，跨区域创新系统的研究开始出现，但目前这方面的研究成果还相对比较少。欧盟地区一直是区域一体化发展的典范，即便是遭遇了欧洲债务危机的打击，欧洲一体化的进程仍在进一步的推进。在不断推进一体化的过程中，为了更加有效地整合欧盟各国的科技资源，保持和提升欧盟在世界科技创新领域的影响力，解决欧洲各国共同面临的社会问题，促进经济增长和就业增加，欧盟明确提出了建设欧洲研究区、建立欧盟统一的研究和创新市场，其实质就是构建一个欧盟跨国的泛区域创新系统。本书尝试分析泛区域创新系统的特征并以此分析欧洲研究区的建设，通过分析欧洲研究区建设的实践，探索泛区域创新系统建设规律，是具有理论创新意义的。

本书将在所掌握的一手材料和数据的基础上，重点分析欧洲研究区的建设方式、建设中取得的成就及面临的问题，分析在解决问题方面欧盟积累了哪些有益经验以及尚存在哪些不足，希望通过研究能进一步发展创新系统理论，并总结欧洲研究区建设的经验和教训，以给其他地区和国家在构建创新系统及发展科技创新合作机制方面提供启示。

（二）研究的难点与不足

国内缺乏欧洲研究区的研究资料，收集国外资料又具有一定难度，尤其是欧盟成员国及研究组织的研究者近期关于欧洲研究区的研究成果很难获取，因此，关于欧洲研究区的研究现状并未能十分准确地把握。

欧洲研究区本身涉及的政策领域非常广泛，不仅涉及研究与创新政策，还涉及社会保障政策、教育政策、产业政策等政策领域。由于作者能力有限，不能全面掌握各种政策，因此对欧洲研究区的研究主要从研究与创新的角度进行分析，其他政策领域涉及较少。

欧洲研究区尚处于建设中，因此很多机制尚不成熟，对正在发展中的事物进行研究很难形成严密的研究体系。

欧洲研究区本身缺乏理论指导，本书希望能通过对欧洲研究区的研究将跨国的泛区域创新系统理论有所推进，但由于能力有限，理论探索的深度非常有限。

第一章　欧洲研究区建设的理论分析

第一节　创新系统的内涵

一、创新的概念

关于创新的定义有很多种，总的来说可以分为广义和狭义两种，狭义的创新主要是指技术创新，而广义的创新还包括除技术创新之外的所有创新，认为创新在任何一个社会部门都可以发生。

最早将创新概念引入经济学的熊彼特认为创新的内涵很丰富，包括新产品、新技术、新市场、新原料、新组织五个方面，既包括技术创新范畴，又包括管理创新和组织创新范畴。

经济合作与发展组织（OECD）指出技术创新包括新产品和新工艺以及产品和工艺的显著的技术变化，如果创新在市场上通过产品的形式得到认可或者在生产工艺中得到了采用就可以认为创新完成了。

欧盟在 1995 年发布的《创新绿皮书》中将创新定义为：新事物在经济和社会领域成功地生产、吸收和运用。它提供一种解决问题的新方法，从而能使个人和社会的需求得到满足。

1997 年，以布朗·约翰逊（Björn Johrson）为领导的研究小组向欧委员会递交了《欧洲　体化和国家创新系统的研究报告》，其中将创新定义为将新知识或旧知识的新组合引入经济中，将创新看作一个过程，不仅包括知识第一次被运用到经济中，还包括知识的扩散及知识的扩散带来的新产品或新工艺流程①。

2010年，欧盟委员会在《将欧洲转变为真正的创新联盟》的备忘录中，将创新宽泛地定义为改变或加速改进设计、开发、生产及获取新产品、新工业流程和新服务的方式。

2014年发布的《欧洲研究区发展报告2014》中将创新定义为将新的或有重大改进的产品（包括商品或服务）引入市场，还包括新的或有重大改进的流程、组织形式或营销方法的采用。

从创新概念的发展看，创新的概念越来越宽泛。欧盟采用的是宽泛意义的创新概念，因此本书中的创新也指的是广泛意义上的创新。只要是有别于现有思维模式的新型思维模式的外化体现都可以看作是创新，既包括技术的创新又包括制度的创新，还可以进一步延伸到组织创新、环境创新等。

二、创新系统的含义

系统并非是创新活动特有的，一般系统表示构成一个统一整体的群体，群体有着共同利益，群体内存在着有规律的互动和相互联系。系统中的各组成部分按照某种方式整合就会产生出新的特性，各组成部分与整体环境以及各部分之间的相互联系和作用所产生的效果会大于部分之和。系统管理是对组成系统的诸要素、要素之间的关系、系统结构、系统流程及系统与环境之间的关系进行动态的、全面地组织，以促进系统整体功能不断升级优化。系统科学方法是将研究对象放在一个系统背景下，从整体和全局的角度来研究系统与构成系统的主体、各主体之间相互作用的关系，对研究对象进行深入地分析，深刻地认识问题、分析问题并找到解决问题途径的一种研究方法。

创新系统将和创新有关的各主体和要素看成是一个整体，系统中最重要的要素是知识，知识在创新系统中生产、流动和运用，最终实现创新。系统中的主体是与知识和技术的生产、传播、使用有关的机构，主要有企业、政府、研究机构、高等院校、各种创新服务组织（包括风险投资机构、科技中介、企业孵化器等）②。知识在系统中的各主体间通过编码化的知识和意会知识流动。企业是核心主体，因为企业不仅创造和管理知识，还肩负着知识和技术市场化

---

① Birgitte Gregersen, Björn Johnson. Learning Economies, Innovation Systems and European Integration [J]. Regional Studies, 1997, 31 (5): 479-490.

② 科技中介机构是指创新主体间的桥梁，开展技术扩散、成果转化、科技评估、创新资源配置、创新决策与管理咨询等专业化服务。

的重任，是推动创新实现的关键。政府通过法律和政策的制定起着引导和调控的作用，通过监管纠正系统失效问题，参与建设科学技术研发的基础设施，为研究与创新相关活动提供资金支持。研究机构担负着科学和技术研究开发的职能，创造新知识并为企业提供技术支持。高等院校不仅创造和传播知识，还承担着培育创新人才的职能。创新服务组织为其他创新主体提供专业化服务，促进知识的传播和技术的转移。创新系统理论主要就是研究系统中各主体之间的相互作用和联系，找到使知识有效地在系统中创造、传播并得到转化和应用的最佳方法，提高创新系统的整体创新能力。

创新系统就是系统内各创新主体互相作用形成的网状结构及系统内制度安排的总和。创新系统理论就是将创新作为研究对象，放在系统的背景下研究如何通过系统内各创新相关主体的有效互动机制提升系统的创新能力。

三、创新系统的共同特征

创新系统有多种分类方式，创新系统按地理空间范围划分，从大到小可以分为全球创新系统、跨国的泛区域创新系统、国家创新系统、区域创新系统。相对应地也有全球创新系统理论、泛区域创新系统理论、国家创新系统理论和区域创新系统理论。此外，还要研究微观的企业创新系统理论，研究中观产业的产业创新系统理论和集群创新系统理论，关注创新技术特性的技术创新系统理论。

创新系统的研究对象都较为创新，都是从系统的角度进行研究。虽然创新系统有不同的划分方式，但所有创新系统都具有共同的特征，具体如下：

（一）复杂的网状结构

创新系统中包含多个行为主体，如果不考虑层级，不同类别的创新系统包含的主体类别是相同的，分别是企业、政府、研究机构、高等院校和创新服务机构。这些主体都是与知识生产、传播和应用有关的。企业是介入知识的生产、传播和运用全过程的核心主体，研究机构和高等院校是知识的创造者，又会通过技术成果和人员流动传播知识，创新服务组织为其他创新主体服务，政府为知识的生产、传播和流动创造有利的制度环境。系统中的主体相互联系，形成网状结构，各个主体分别是网络的结点。知识的流动将这些结点联系起来，如图1-1所示。

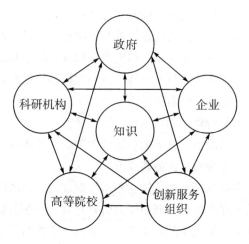

图 1-1 创新系统主体网状结构图

（二）使知识有效流动是创新系统最核心的问题

创新能力的提高取决于知识流动效率的提高，知识在创新系统网状结构中的各个结点间流动，将各个主体联系起来，使各个主体之间互相反馈。创新系统的顺利运作取决于知识的流动效率和流动效果，因此对于创新系统主要以知识的流动效率和效果来评价。知识流动的途径主要包括：企业间的联合研究和技术协作；企业和高校或研究机构之间的共同研发和协作；高校和研究机构之间的研发协作；各主体间的人员交流，包括人员在各部门之间的工作流动和各种形式的交流活动；知识通过产品扩散，如技术和机器设备的采用。

（三）制度在创新系统中起重要作用

在创新系统中，制度起着非常重要的作用，影响着系统内各主体的行为方式及主体间相互作用的方式和过程。在创新系统中，创新很大程度上不是一个自发的结果，而是制度推进的结果。制度对创新的激发和支持既有直接影响也有间接影响，直接影响包括研究与创新政策、知识产权保护等制度，间接影响包括教育、收入分配、社会保障、就业、金融等制度。制度通过法律、政策、标准、规则等形式在创新系统中发挥着作用。

第二节 创新系统理论的发展

一、线形创新到系统创新

创新系统理论是随着创新理论的发展产生的，最早将"创新"概念引入经济学的是原籍奥地利的美国著名经济学家约瑟夫·A·熊彼特，他于1912年发表的著作《经济发展理论——对于利润、资本、信贷、利息和经济周期的考察》中提出了创新的经济学概念。熊彼特所说的"创新"包括以下五种情况：第一，引进新产品，既包括消费者不熟悉的新产品也包括产品的一种新特征。第二，采用一种新的生产方法，引用新技术，并不一定需要新的发明，也包括商业上处理一种产品的新方式。第三，开辟新市场，进入一个以前不曾进入的市场，这个市场也许是从未存在的市场，也许是这种产品没有进入过的已有市场。第四，掠取或控制原材料或半制成品的一种新的供应来源。第五，实现企业的新组织形式。熊彼特认为创新大部分产生于企业中，创新活动是由特定的人群——企业家所执行的①。熊彼特又在20世纪30年代和40年代对创新理论进行了补充。熊彼特的创新理论提供了一种新的研究视角，开创了一个新的研究领域，为后来的创新理论的蓬勃发展提供了无限空间。

20世纪30年代，正是凯恩斯主义盛行的时期，创新理论的发展比较缓慢，随着20世纪50年代以来科学技术的迅速发展，技术发展对国家的经济发展产生了深刻影响，引发了学者对技术进步和经济增长关系的研究，使得创新理论得到了发展。

20世纪50年代，以索洛为代表的新古典经济学派研究了技术进步和经济增长的关系。1951年，索洛提出创新成立的条件是新思想的来源及其后来的实现和发展。1956年，索洛模型首次提出在索洛模型中，技术进步率作为一个外生变量，被看作是除储蓄和人口增长之外的经济增长源泉之一。1966年，施穆克勒首次在《发明与经济增长》中使用专利统计分析来测度这一技术进步，开启了创新经济学的定量研究时代。施穆克勒认为不仅科学技术知识的发展会推动发明活动，市场需求对发明活动也有重要推动作用，因为市场需求会影响发明活动的方向和活跃程度，从而使得创新理论得到拓展②。

以美国经济学家戴维斯和诺斯为代表的制度创新学派，在1970年发表的《制度变革与美国经济增长：针对制度创新理论的第一步》一文中，提出了制度创新理论。他们认为，制度对经济增长速度和增长模式是有影响的，制度创

---

① 熊彼特. 经济发展理论 [M]. 邹建平，译. 北京：商务印书馆，1991：73-74.

② Schmookler J. Invention and economic growth [M]. Cambridge MA：Harvard University Press，1966.

新是指组织形式或经营管理方式的革新①。哈耶克从每个人追求自我利益的过程中引发人们之间相互作用的角度解释了制度创新及变迁。个人在追求自我利益时进行自我选择，在这个过程中与他人接触，在不断地与其博弈、互动、合作的过程中就会形成共识性的制度。

创新理论逐渐朝着两个方向发展：一是以技术变革和技术推广为研究对象的技术创新；二是以制度变革为研究对象的制度创新。前者注重技术创新在经济增长中的作用，而后者更注重制度创新在经济增长中的作用，两者从各自不同的视角分析研究创新对经济增长的决定作用。尽管侧重点不同，但两者都是针对创新这一核心主题。从本质上讲，制度创新与技术创新以及经济增长之间的关系是交互的，它们存在于相互支持和相互制约的关系网络之中。在这种关系网络中，制度创新为技术创新以及经济增长提供激励和秩序，技术创新为制度创新提供基础和工具。

随着不断兴起的各种技术创新和科技革命，日益明显且作用突出的普遍创新现象使得经济学家无法继续对技术变迁这类问题保持漠视，理论界重新对熊彼特的创新理论给予了关注，由此促进对技术创新理论的系统研究，并由此形成了所谓的"新熊彼特主义"。以曼斯菲尔德、卡曼等人为代表的新熊彼特学派在坚持熊彼特创新理论传统的基础上拓宽了创新的研究内容，如创新的起源、过程、方式，认为技术创新和技术进步是经济发展中的核心力量，将技术创新视为一个由科学、技术和市场三者相互作用的复杂过程，提出了许多著名的技术创新模型，强调创新政策的重要性。

研究创新的学者们长时间内都把创新视为一个线性的过程，认为创新来源相对单一，创新活动只受几个因素的影响，最主要的因素是技术的推动和市场的拉动。创新源头与创新发生之间仅为简单的线性作用关系。把创新看作是从基础研究到商业应用的单方向的发展过程，认为基础的科学研究是创新的源泉，向基础科学的投入会直接推动创新的发展。这种观念对很多国家的科技政策产生了重要影响，使政府重视基础科学研究，如美国政府对于基础科研给予了大力支持，使其在世界上保持了长期的科学技术优势。但是随着日本和一些欧洲国家的迅速发展，这些国家的发展模式引起了学者对创新研究的重新思考。实践证明，创新并不是一个单向的发展过程，创新可能发生在创新链条的各个环节并且在各环节还存在着反馈，例如市场需求可以激发基础研究，产品

---

① Lance Davis, Douglass North. Institutional change and American economic growth: a first step towards a theory of institutional innovation [J]. The Journal of Economic History, 1970, 30 (1): 131-149.

设计、生产流程、教育培训等都有可能影响创新，与创新相关的机构和人员相互联系，共同作用，形成一个复杂的创新网络。

总的来说，线性创新理论主要有四种观点，第一种是注重基础科学的研究和技术研发，认为科技是创新的先导，科学和技术进步的速度、规模和方向决定着技术创新的速度、规模和方向，创新是以基础科学研究或技术的进展为起点，以市场为终点的直线式创新。第二种与第一种相比，创新链条是反向的，认为市场拉动创新，市场需求决定研究方向，科技发展的动力是市场需求，科学技术取得突破性成果的目的也是适应市场需求，在创新过程中，市场需求决定着技术创新的资源配置，从而影响着创新的速度、规模和方向。第三种观点认为创新是科学、技术和市场之间相互作用的过程。创新链条是一个回路。影响创新的要素是多样的，创新也有多条路径。第四种观点认为创新是一个周期，创新过程不是一个职能到另一个职能的递进过程，而是同时涉及科技研发、制造、营销等职能的并进过程。

20世纪80年代末90年代初，系统研究方法的兴起给创新的研究提供了一种新视角，系统科学把所研究和处理的对象视作一个系统，以系统及其机理为对象，研究系统的结构、功能和演化发展，研究系统、要素、环境三者的相互关系和变动的规律性，并研究如何优化系统。世界上任何事物都可以看成是一个系统，因此系统的理论和研究方法应用于各个研究领域，也影响到了创新研究领域。从系统的视角研究创新逐渐成为一种潮流，创新系统理论成为研究的热点。创新系统理论是将技术创新的过程研究和制度研究结合在一起的，政策的制定者关注创新的整个过程。在创新系统内，在一定的自然环境、经济环境、社会环境、文化环境、制度环境下创新相关主体通过创新相关行为要素发生各种联系，创新行为既包括科技创新，也包括制度创新和管理创新等，研究重点是创新行为之间的互动协同机制和功能对接方式等。创新系统应着重分析的是创新主体之间的行为。科技创新行为包括从创意、研发、中试、生产到市场推广的全过程。制度创新既包括企业内部的创新也包括政府的政策创新，制度是科技创新的外在重要影响因素，会影响创新的积极性、效率、效果。管理创新主要指资源配置方式的创新，包括组织架构的创新、管理流程的创新、运作方式的创新和管理手段的创新。

创新系统的形成方式目前有两种，一种是自发形成，一种是在政府引导下形成。自发形成的创新系统可以用演化经济学理论的分析方法进行分析：创新主体最初为实现自身的发展目标而进行创新，随着经济和社会的发展，基于共同目标的追求，某些创新主体之间会发生合作关系，起初这些合作关系是松散的、不稳定的，随着合作的推进和不断加深，合作有可能成为稳定的、长期的联系，创新主体之间就通过合作彼此联结到一起，形成网络结构，进一步形成了创新系统。

目前的创新系统理论从不同角度对创新系统进行了研究，有从地理空间角度对创新系统进行研究的，也有从技术特性的角度来研究创新系统的。从地理空间的角度进行研究的比较有影响力的是国家创新系统理论和区域创新系统理论。从技术特性的角度研究创新系统的有技术创新系统理论、部门创新系统理论等。

二、国家创新系统

对于国家创新系统概念最先由谁提出是有争议的，但没有争议的是英国著名经济学家弗里曼（Freeman）对国家创新系统的研究，首先在学术界引起了巨大的影响。1987 年，他出版了《技术和经济运行：来自日本的经验》（Technology and Economic Performance：Lessons from Japan）一书，书中探讨了日本"技术立国"政策和技术创新机制，指出国家创新系统是国家内部系统组织及其子系统间的相互作用，其对日本经济高速发展产生了巨大作用[①]。1988 年，弗里曼发表题为《日本：一个新的国家创新系统》的研究成果，他在研究日本的创新时发现日本的成功不仅是技术创新的结果，还是很多制度和组织创新的结果，是一种国家创新系统演变的过程。他认为国家创新系统是一个国家内公共部门和私人部门中各种机构组成的网络，这些机构的相互作用促进了新技术的开发和组织模式的发展[②]。

著名丹麦经济学家伦德瓦尔也是最早研究国家创新系统的学者之一，也有人认为他是第一个使用"国家创新系统"概念的学者，1992 年（Lundvall）在《国家创新系统：一种创新和交互性学习的理论》（National System of Innovation：Towards a Theory of Innovation and Interactive Learning）一书中阐述了国家创新系统理论的构成和运作，对国家创新系统的理论进行构建。他偏重于研究国家创新系统的微观基础，通过研究生产者、用户、金融机构公共部门等微观主体来研究创新系统。伦德瓦尔认为国家创新系统是在知识的生产、扩散和使用中由各种要素及各种要素的互动构成的系统，最重要的是知识的流动。国家创新系

---

① Freeman C. Technology and economic performance：lessons from japan [M]. London：Printer Publishers，1987.

② G·多西. 日本：一个新的国家创新系统 [M]. 钟学义，等，译. 北京：经济科学出版社，1992.

统是一个以学习为中心活动的社会系统，同时又是一个动态过程①。

美国学者纳尔逊（Nelson）在 20 世纪 80 年代开始探索技术创新的国家制度安排，1993 年，他在著作《国家创新系统：一个比较研究》中做了很多案例研究，对美国、日本、英国、丹麦、加拿大、巴西等不同类型的多个国家和地区的创新系统进行了研究。该书没有给国家创新系统下统一的定义，纳尔逊指出国家创新系统没有统一的模式，不同国家由于其自然条件、历史文化条件、社会发展水平的不同，国家创新系统存在很大差异。纳尔逊比较重视制度结构的重要性。

1994 年，法国经济学家帕维蒂（Pavitti）对国家创新系统的功能进行了研究，他认为国家促进技术投资的政策不同，使科技投资的效果不同，会造成国家间技术水平差距的产生和扩大。国家创新系统理论应该能够指导一个国家更有效地对技术进行投资。帕维蒂由此将国家创新体系的概念定义为构成一个国家科技发展的方向、速度和技术竞争力的一种激励结构和国家制度，帕维蒂强调激励的重要性②。

经济合作与发展组织（Organization for Economic Co-operation and Development，OECD）1994 年启动"国家创新系统研究项目"，对世界上多个国家的创新系统进行调查研究，并发布了一系列的研究报告。1997 年，发布的《国家创新系统》研究报告，总结了前一阶段国家创新系统的研究成果，尝试建立能够反映知识流动的指标，研究机构间的关联程度、人力资源的流动情况，对产业集群和创新型企业的行为给出了一些政策建议。指出政府的研发政策一般都是为了解决市场失灵问题，实际上还要重视系统失灵问题，政策的重心要放在改进创新系统的网络结构和提高企业的创新能力方面。

以上学者和机构对国家创新系统的研究成果奠定了国家创新系统理论的基本分析框架，后面的学者都在此基础上进行更细化的探究。

从 20 世纪 90 年代开始，中国的很多学者对国家创新系统也进行了研究，基本是延续国外学者的研究理论框架，和中国的国情结合起来，用来分析中国国家创新系统的构建。1995 年，齐建国教授的研究成果《技术创新——国家系统的改革与重组》是中国学者第一次运用国家创新系统理论分析中国的宏观经济问题。1996 年，加拿大国际发展研究中心与国家科技部合作，出版了

---

① Bent-Ake Lundvall. National system of innovation: towards a theory of innovation and interactive learning [M]. London : Pinter Pub Ltd, 1992.

② Pavitti P K. National innovation system: why they are important, and how they might be measured and compared [J]. Economic of Innovation and New Technology, 1994, 3: 78-91.

《十年改革：中国科技政策》，是第一份系统介绍中国国家创新系统的报告，它为进一步研究中国国家创新系统打下了基础。1998年，柳卸林的论文《国家创新体系的引入及对中国的意义》，冯之浚1999年著的《国家创新系统的理论与实践》，李正风和曾国屏1999年著的《中国创新系统研究——技术、制度与知识》，这些论文都是我国较早研究国家创新系统的成果，将创新系统理论引入我国，并将之与我国国情相结合，为我国构建国家创新系统提供了理论指导。1999年，石定寰主编的《国家创新系统：现状与未来》是技术创新研究丛书之一，是《市场经济下国家创新系统的建设》课题组的成果，书中收录了我国创新研究领域的很多专家的一系列文章，内容包括国家创新系统的发展介绍、国家创新系统理论的探讨、我国创新系统的建设情况与政策评价、国家创新系统的国际比较，汇集了当时我国国家创新系统研究的成果。2000年，胡志坚等著的《国家创新系统：理论分析与国际比较》介绍了创新理论及其发展脉络，特别强调了国家创新系统的思想对于指导、提高我国整体创新能力和制定相应政策的意义，同时还比较客观地分析了我国的整体创新能力和国家创新系统效率方面存在的各种问题，探讨了形成这些问题的原因，在此基础上提出了有关政策建议①。2003年，王春法著的《主要发达国家国家创新体系的历史演变与发展趋势》主要围绕着理论、案例与趋势三个问题展开分析，探讨了国家创新体系的理论沿革及其本质内涵。在案例分析中，分析了美国、英国、法国和日本四个当代世界经济中最重要的发达经济国家中国家创新体系的历史演变及其发展趋势，对其主要构成部分与相互关系的历史发展进行了描述和分析。在国家创新体系的发展趋势方面，报告着重论述了经济全球化对国家创新体系的影响以及国家创新体系中的专有因素问题②。2006年，中国创新报告课题组发表研究成果《国家整体创新系统问题研究》，在对创新系统基本理论进行研究的基础上，运用数学模型，结合中国国情，对中国创新系统的现状、存在的主要问题和创新的基本规律进行了详细的论述③。2010年，陈洁著的《国家创新体系架构与运行机制研究：芬兰的启示与借鉴》，从与创新行为相关的历史事件入手，总结了芬兰国家创新体系的发展历程，着重论述了芬兰国家创新体系中基础研发、应用型研发、实用技术研发三大体系的协调运作机

---

① 胡志坚. 国家创新系统：理论分析与国际比较 [M]. 北京：社会科学文献出版社，2000.

② 王春法. 主要发达国家国家创新体系的历史演变与发展趋势 [M]. 北京：经济科学出版，2003，11.

③ 中国创新报告课题组. 国家整体创新系统问题研究 [M]. 北京：党建读物出版社，2006.

制。对上海构建区域创新体系提出了建议①。

我国对国家创新系统的研究基本还是遵循着国外学者的理论研究思路，用来分析中国在建立国家创新系统中的问题，将建设国家创新系统作为建设创新型国家的重要途径之一，通过分析比较国外典型国家创新系统的案例，总结经验，予以借鉴，提出我国构建创新系统的对策。

三、区域创新系统

区域创新系统中的"区域"是指国家下属的区域，区域创新系统可以看作是国家创新系统的子系统，国家创新系统是由各个开放的区域创新系统联结而成的。区域创新系统与国家创新系统所处的层次不同，功能也不同。区域创新系统致力于提高区域技术创新能力以促进区域经济增长，促进区域产业结构合理化。国家创新系统是以国家发展为目标，通过为创新活动提供良好的环境，如制度、政策、基础设施等，协调区域发展，提高国家创新竞争力。区域创新系统的主体是以区域内的企业，即高等院校和科研机构为主，并由创新服务机构和政府机构参与的一个互动的创新网络，强调网络内各要素的相互作用关系。

区域创新系统的概念是英国卡迪夫大学的菲利普·库克（Philip Cooke）教授于 1992 年正式提出的。在《区域创新系统：新欧洲的竞争规则》（Regional Innovation Systems：Competetive Regulatoin in New Europe）中研究了欧洲的创新系统，进行了大量的实证分析，包括德国、法国及英国的区域创新系统，尤其是说明了系统中规则的重要作用②。库克关于区域创新系统的研究一直在进行，有很多研究成果，对区域创新系统中的企业、政策、创新管理等很多问题进行了深入的研究，还做了很多实证分析。后来，他在其 1996 年主编的《区域创新系统：全球化背景下区域政府管理的职能》一书中，对区域创新系统的概念进行了较为详细的阐述，他认为区域创新系统是在一定地理范围内的，由相互分工与关联的生产企业、研究机构和高等教育机构等构成的区域性组织体系③。在后来的研究成果中，库克还对于区域创新网络中制度的重要

---

① 陈洁. 国家创新体系架构与运行机制研究：芬兰的启示与借鉴 [M]. 上海：上海交通大学出版社，2010.

② Philip Cooke. Regional innovation systems：competitive regulation in the New Europe [J]. Geoforum，1992，(23)：365-382.

③ Philip Cooke. Regional innovation systems：the role of governance in a globalized world [M]. London：UCL Press，1996.

性做了很多研究，认为区域创新系统是机构组织网络和制度安排的集合。

瑞典伦德大学的学者阿希姆（Asheim）、艾萨克森（Isaksen）于 1997 年结合产业集群理论对区域创新系统进行研究，认为区域创新系统包括区域内主导产业集群的企业、企业支撑的产业、制度基础结构，企业及相关组织的创新合作与制度安排对区域创新系统的形成十分重要①。

1995 年，挪威学者魏格（Wiig）认为，广义的区域创新系统应包括生产和供应创新产品的企业群、教育机构、政府机构、创新服务机构②。

1998 年，奥提欧（Autio）认为，区域创新系统是由相互作用的子系统构成的，这些子系统的互动推动了区域创新系统演化的知识流。他认为区域创新系统主要由知识开发和应用子系统、知识生产和扩散子系统构成，这是嵌入同一地区的社会经济和文化环境的两个子系统，分别负责新知识的产生和应用、生产和商业化。知识生产和扩散子系统主要由技术中介、劳动中介、公共研究机构和教育机构组成。知识开发和应用子系统主要由主导产业的中小企业、竞争者、客户和合作伙伴构成，主导产业中的企业通过垂直网络和水平网络同子系统中的其他行为主体相互作用。这两个子系统的相互作用推动了区域内知识、资源和人力资本的流动，区域创新系统又受到国家创新系统组织、国家创新系统政策机构、其他区域创新系统、国际组织和国际政策机构等外部环境的影响，内外部的共同作用促进了区域内创新活动的发生③。

道劳何（Doloreux）在 2002 年的研究中认为，区域创新系统不仅包括组织间的密切关系，这些组织相当于"知识基础设施"，还要从政体的角度来理解区域，通过治理来促进和支持这些组织的关系以促进创新④。

20 世纪 90 年代末，我国的学者也开始了对区域创新系统的研究，如冯之浚、胡志坚、黄鲁成、盖文启、王缉慈、顾坚等学者都在我国区域创新系统的研究上取得了一定成果。冯之浚（1999）认为区域创新系统的构成要素主要包括某一地域范围内的企业、地方政府、高等院校和研究机构、中介服务机构

① Asheim B, Isaksen A. Localization , agglomeration and innovation: towards regional innovation systems in norway [J]. European Planning Studies, 1997, 5 (3): 299-330.

② Wiig H, Wood M. What comprises a regional innovation system? An empirical study [R]. Sweden: Regional Association Conference, 1995.

③ Autio E. Evaluation of RTD in regional systems of innovation [J]. European Planning Studies, 1998, 6 (2): 131-140.

④ Doloreux D. What we should know about regional systems of innovation [J]. Technology in Society, 2002, 24 (3): 243-263.

等①。胡志坚、苏靖（1999）从区域创新系统演化的角度出发，提出市场经济体制下的科技资源、不断发展壮大的企业、政府的新兴经济政策和相关法律法规是构成区域创新系统三大实体要素②。黄鲁成（2000）将区域经济理论与技术创新理论相结合，提出了区域创新系统的概念、特征、功能和目标。探讨了区域创新系统研究的主要内容③。王缉慈（2001）认为，区域创新系统是指区域网络各个结点（企业、大学、研究机构、政府等）在协同作用中结网而创新，并融入区域的创新环境中而组成的系统，即区域创新系统是区域创新网络与区域创新环境有效叠加而成的系统，具有开放性、本地化、动态性和系统性等特点④。盖文启（2002）提出区域经济的发展更多地是依赖于区域环境的建设，特别是区域内不断创新的软环境已成为区域发展获得竞争优势的关键。系统地阐述了区域创新环境的含义及框架内容构成，并结合现实指出了我国高新技术产业区发展过程中需营造区域创新环境⑤。柳卸林（2006）认为，区域创新体系是一个区域经济体系内促进创新的制度组织网络，其中的区域可以是一个省，也可以是一个省内的行政区域或跨省市的区域。区域创新体系由主体要素（包括区域内的企业、大学、科研机构、中介服务机构和地方政府）、功能要素（包括区域内的制度创新、技术创新、管理创新和服务创新）、环境要素（包括体制、机制、政府或法制调控、基础设施建设和保障条件等）三个部分构成，具有输出技术知识、物质产品和效益三种功能⑥。陈德宁、沈玉芳（2004）将理论界近年来有关区域创新系统理论的讨论情况从区域创新系统理论的基本概念、区域创新系统运行机制和模式、区域创新环境、政府与中介机构的作用四个方面做了较详细的综述，认为区域创新系统是由在某一特定区域内履行创新和扩散职能的企业、大学及研究机构、中介服务机构以及政府组成的创新网络⑦。陈柳钦（2005）则指出区域创新系统主要包括主体要素、功能要素、环境要素三大基本构成要素。产业集群是区域创新体系的重要载体，是区域竞争力的重要标志。集群创导是构建区域创新体系的可行路径⑧。除了对传统行政区域的创新系统进行研究外，随着我国城市群发展得到重视，跨行政

① 冯之俊. 国家创新系统的理论与政策 [M]. 北京：经济科学出版社, 1999.
② 胡志坚, 苏靖. 区域创新系统理论的提出与发展 [J]. 中国科技论坛, 1999 (6).
③ 黄鲁成. 关于区域创新系统研究内容的探讨 [J]. 科研管理, 2000 (2).
④ 王缉慈, 等. 创新的空间——企业集群与区域发展 [M]. 北京：北京大学出版社, 2001.
⑤ 盖文启. 论区域经济发展与区域创新环境 [J]. 学术研究, 2002 (1).
⑥ 柳卸林. 构建区域创新体系新思维 [J]. 人民论坛, 2006 (2).
⑦ 陈德宁, 沈玉芳. 区域创新系统理论研究综述 [J]. 生产力研究, 2004 (4).
⑧ 陈柳钦. 以产业集群引导区域创新体系向纵深发展 [J]. 经济前沿, 2005 (9).

区域的较广义的区域创新系统的研究也逐渐增多。赵树宽等（2010）分析了跨行政区域创新系统的运行与发展，剖析了基于产业集群的创新过程；探讨了东北地区跨行政区域创新系统的路径和基于产业集群的东北跨行政区域的创新系统的构建①。吕国辉（2008）基于对长三角区域创新的现状、问题、原因以及模式的分析，提出提升长三角区域创新能力的对策建议，展望长三角区域创新系统的未来发展趋势②。熊小刚（2014）探讨了"中三角"跨区域创新系统协同发展的必要性，提出了促进"中三角"跨区域创新系统协同发展的建议③。随着京津冀协同发展成为重大国家战略，近两年关于京津冀地区科技协同发展的研究开始增多。李国平（2014）分析了京津冀地区科技创新一体化面临的困难，提出了发展政策④。赵江敏（2015）运用区域创新系统理论对京津冀一体化进行研究，提出了构建京津冀一体化区域创新系统的主要路径⑤。张兵（2016）从优化首都功能的视角对京津冀协同发展与国家空间治理的战略性进行思考⑥。

总之，国内外的学者对区域创新系统有了广泛的研究，从其内涵、结构、模式、案例、影响因素、效率评价等不同角度进行了理论的探索。

四、跨国的泛区域创新系统

随着经济全球化和区域经济一体化发展趋势的增强，国际科技合作增多，在经济和科技发展的过程中，地理和交通因素逐渐被淡化，有些相邻区域的国家之间的科技合作已经成为一种常态化，探求如何能够有效地开展国际科技合作成为一种需要。在一些特定的区域，正在出现着跨国的泛区域创新系统雏形，同时也有一些学者进行了相关的理论探索。

1996年，丹麦奥尔堡大学的格雷格森（Birgitte Gregersen）和约翰森（Björn Johnson）发表文章《知识经济：创新系统和欧洲一体化》（Learning E-

---

① 赵树宽，刘战礼，陈丹. 基于产业集群的东北跨行政区域创新系统构建研究 [J]. 科学学与科学技术管理，2010，31（2）：118-123.

② 吕国辉. 长江三角洲区域创新系统研究 [D]. 上海：华东师范大学，2008.

③ 熊小刚."中三角"跨区域创新系统的协同发展研究 [J]. 中国科技论坛，2014（4）：39-44.

④ 李国平. 京津冀地区科技创新一体化发展政策研究 [J]. 经济与管理，2014（11）：13-18.

⑤ 赵江敏，刘海娇. 京津冀一体化区域创新系统的构建研究 [J]. 经营管理者，2015（1）：192-193.

⑥ 张兵. 京津冀协同发展与国家空间治理的战略性思考 [J]. 城市规划学刊，2016（4）：15-21.

conomies, Innovation Systems and European Integration），用知识经济作为一个分析框架，讨论欧洲一体化进程是如何影响国家创新系统的，认为在不久的将来会部分形成狭义的欧洲创新系统。1997 年 3 月，以约翰森（Björn Johrson）为领导的研究小组向欧盟委员会递交了《欧洲一体化和国家创新系统的研究报告》，主要研究欧洲的一体化对欧洲的国家创新系统的影响程度、影响领域以及影响方式，探求随着欧洲一体化发展的推进，欧洲创新系统可能的发展情况，这可以看作欧洲跨国的泛区域创新系统研究的尝试。

2010 年，瑞典学者米歇尔（Michaela Trippl）在文章《发展跨界区域创新体系：关键因素和挑战》中探讨了是否可以将区域创新系统的理论方法运用在跨界区域创新系统上，研究了跨界创新系统构建的关键条件①。

2013 年，荷兰学者布洛克（Broke）和斯穆尔德（Smulders）在《跨界区域创新体系的演变：从制度的角度分析》的文章中对于跨界区域创新体系的发展进行了调查研究，提出在经济结构、社会经济制度和创新能力上具有互补性的相邻区域具有开展跨界合作的动力，但是国界是一种阻碍，不仅是政治上的国界，而且社会的和意识上的差异也阻碍了跨界合作网络的形成，这就需要建立跨界制度。改变制度差异是发展跨界创新系统的重要前提，需要政府针对跨界创新系统的构建采取行动。

2001 年，由李正风和曾国屏主编的《走向跨国创新系统——创新系统理论与欧盟的实践》是中国国内对欧盟层面创新系统研究的一个尝试，通过分析创新系统理论与欧盟实践之间的关系，揭示欧盟创新系统研究的意义及其问题；介绍欧盟建设创新系统的法规性文件和研究报告；展示欧洲学者对创新系统理论与欧盟创新系统建设的一些研究②。

跨越国界的泛区域创新系统是一个包括多国国家创新系统的大系统，构成复杂、研究难度大，目前理论界对其相关的研究较少，相信欧盟目前开展的相关实践活动可以促进理论的发展。

---

① Trippl M. Developing cross-border regional innovation systems: key factors and challenges [J]. Tijdschrift Voor Economische en Sociale Geografie, 2010, 101（2）：150-160.

② 李正风，曾国屏. 走向跨国创新系统 [M]. 济南：山东教育出版社，2001.

第三节　泛区域创新系统理论框架

一、泛区域创新系统的概念

创新系统从地理空间的角度一般可以划分为国家内的区域创新系统、国家创新系统、跨国的泛区域创新系统。跨国的泛区域创新系统是一个超越国界的系统，包括各成员国的创新系统，相应地将国家创新系统内的各区域的创新系统包容进来。

泛区域创新系统是系统内创新相关主体相互作用形成的跨国网络结构和多层次制度安排的总和。创新相关主体包括企业、科研机构、高等院校、政府和创新服务机构，不同国家界限内的不同机构相互作用。创新系统中的制度包括超国家、国家和地区三个层次。

泛区域创新系统将各成员国的创新系统协调整合，既使各子系统保持各自的特色，又使各子系统优势互补、协调发展，实现规模效益，将国家创新系统发展产生的正的外部经济效益内部化，提升泛区域创新系统的整体创新能力。

二、泛区域创新系统的构成

泛区域创新系统与其他创新系统一样，是与创新相关的主体构成的网状结构和制度安排的总和。只是它的网状结构跨越国界，系统的制度环境也是由多层次制度共同构成。因此，构成泛区域创新系统的主体门类同其他类型的创新系统是一样的，同样包括企业、科研机构、高等院校、政府和创新服务机构，但这些机构所属的国家是不一样的。由于各国的法律、制度、文化、经济发展水平等方面的不同，泛区域创新系统内的机构之间的互动关系更复杂，不光要从横向上处理好系统内与创新相关的各主体之间的关系，还要从纵向上有效协调总系统与各子系统以及子子系统之间的关系，如图1-2。在泛区域创新系统内，不同国家以及不同国家内部的不同机构互相作用，通过共同利益的引导将这些复杂的关系纳入一个大的泛区域系统中，致力于提高整个泛区域的创新能力。每一个系统都是开放的，不仅子系统内的企业、研究机构、高校、创新服务机构互相联系，而且与其他子系统内的各类机构也相互关联，知识在泛区域创新系统内的流动促使各主体联系在一起，形成复杂的网状结构。

在泛区域创新系统中，制度有不同的层次，分别是超国家层次的制度、国家层次的制度和区域层次的制度，不同层次的制度交织在一起，不同层次的制度相互影响，构成泛区域创新系统的制度环境，影响着系统内的每一个主体。泛区域创新系统需要构建一个超国家的机构，主要起协调作用，引导各成员国的创新政策协调一致，避免重复建设和恶意竞争。在统一政策的引导下，各成员国和各区域根据自己的需要和特点设计自己的创新制度和政策，但要保证各自的政策与泛区域统一的创新政策不冲突。

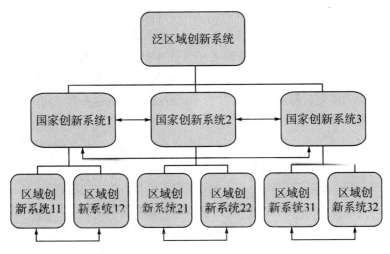

图1-2　泛区域创新系统结构图

三、泛区域创新系统的特征

（一）复杂的跨国界网状结构

泛区域创新系统中，不同国家的创新相关机构在系统内互相作用，建立有效的合作机制，提高知识创造、流动和转化的效率，最终提高整个泛区域的创新能力。

泛区域创新系统由各个成员国的国家创新系统构成又受其影响，各国家创新系统之间在泛区域创新系统的协调下发生相互作用，这种相互作用也反映在各国区域创新系统之间的互动联系上。泛区域创新系统所包含的每一个子系统都是开放的，不仅子系统内的企业、研究机构、高校、创新服务机构等互相联系，而且与其他子系统内的各机构也相互作用，创新相关主体在国界内或跨越国界互动形成错综复杂的网状结构，多个子创新系统的网状结构在纵向和横向上相互交织，互相作用。系统越大，关系越复杂，所以泛区域创新系统不仅要处理好系统内部各主体之间的关系，还要从纵向上有效协调总系统与各子系统以及子子系统之间的关系，如图1-2。

（二）多层次的制度协调

制度安排是创新系统中的重要组成部分，泛区域创新系统包含成员国的国家创新系统及成员国的区域创新系统，因此涉及不同层次的制度，有超国家层次的制度、国家层次的制度和区域层次的制度。在泛区域创新系统中，不同层次的制度相互影响和作用，构成泛区域创新系统的制度环境。

由于不同层次主体面对的问题和追求的利益是不同的，这种分歧可能会导致科技创新制度的制定偏重于自身利益而未考虑泛区域的整体和长远利益，往往会引发国家和区域围绕关键资源展开激烈的恶性竞争。因此泛区域创新系统中不同层次制度的协调非常重要，需要超国家机构的协调，解决泛区域创新系统内各层次主体创新制度分割的问题，引导各成员国的创新政策协调一致，避免重复建设和恶性竞争。

泛区域创新系统内各层次制度的侧重点不同，超国家层次的创新制度主要是起整合和引导的作用，进行宏观战略决策，并从整体上对系统的建设和运行进行监督。国家创新制度的重点在于对国内各创新行为主体进行激励，如利用税收政策和金融政策鼓励公共和私营部门增加研发与创新投入，通过协调各创新行为主体促进知识传播和技术扩散，优化和调整创新资金的配置，为区域的创新政策制定提供指导，防止其短期化行为等。区域创新制度的重点是根据区域特色和发展潜力制定区域创新政策，促进区域创新系统的主体间的联系，发展区域合作。

多层次制度结构要求在制定泛区域整体战略时要注意关注较低层级的利益，需要各层级制度在长期发展上的协调。

（三）知识的跨国自由流动

知识是创新系统的关键要素，创新系统的构建就是为实现知识在系统内的自由创造、传播、流动和转化。创新能力的提高取决于知识的有效流动，知识在系统内各主体构成的网状结构中沿各个结点流动，将各主体联系起来，使各主体之间互相反馈。创新系统的顺利运作取决于知识的流动度和流动效果，因此对创新系统的评价也主要围绕知识的流动情况展开。知识分为编码化知识和意会知识，编码化知识是那些能够以语言和图形的形式进行形式化处理的传统知识和现代知识，而意会知识主要包括技能知识和人力知识。知识流动的途径主要包括：企业间的联合研究和技术协作；企业和高校或研究机构之间的共同研发和协作；高校和研究机构之间的研发协作；各主体间人员的交流（包括人员在各部门之间的工作流动和各种形式的交流活动）；知识通过产品进行扩散，如技术和机器设备的采用、研究成果的发表。泛区域创新系统中知识要跨国流动，就涉及研究数据和研究成果在成员国间的开放和共享，也涉及人员的跨国流动和技术的跨国传播，还涉及各创新主体之间的跨国合作。只有克服了阻碍知识在系统内自由流动的障碍，实现知识的跨国自由流动，泛区域创新系统才能够有效运转。

四、欧洲研究区的本质是一个泛区域创新系统

欧洲研究区以促进欧盟经济发展、提高欧盟竞争力、增加就业为共同利益将各成员国的创新系统整合在一起，致力于建立区内各创新相关主体有效合作的机制，使知识和创新成果在研究区内自由流通。欧洲研究区具备泛区域创新系统的特征，因此欧洲研究区的本质是一种泛区域创新系统。

（一）欧洲研究区是一个跨国创新网络

欧洲研究区五大优先发展领域之一就是发展更有效的成员国研究系统，在欧盟 2014 年发布的《欧洲研究区发展报告 2014》中，欧盟指出目前欧洲研究区继续推进的重点就是各成员国在与欧洲研究区发展框架保持一致的原则下改革本国的创新系统，因此欧洲研究区就是欧盟成员国创新系统的有效整合。欧洲研究区致力于建立区内各创新主体的有效合作机制，其五大优先发展领域的第二项就是优化跨国合作和竞争，使成员国的国家创新系统经过整合后的整体创新能力大于部分之和。因此欧洲研究区是一个创新相关主体在跨国范围内相互联系和作用的网络结构，欧洲研究区是一个规模比较大的泛区域创新系统，包括 28 个成员国和联系国（Associated Countries）及地区的创新系统。要在这个复杂的系统内实现各主体的纵向协调和横向协调。纵向协调指超国家的组织机构、成员国、成员国地区之间的协调，横向协调指政府、企业、研究机构、高等教育机构、创新服务机构之间的协调。

（二）欧洲研究区致力于不同层次制度的协调

欧洲研究区的治理主要涉及欧盟、成员国及其区域。对欧洲研究区影响最大的就是科技创新制度，不同层级的制度制定考虑的是不同层面的利益，区域科技创新制度考虑的是区域竞争力的提升；国家的科技创新制度考虑的是一个国家的经济增长及创新能力的提高；欧盟的制度要考虑欧盟整体，着眼于整合欧盟资源并提高欧盟整体创新竞争力。欧盟协调各层级制度的职责尤为重要。各层级的利益着眼点不同，欧盟就要从总体上协调资源的配置，既不能影响成员国的参与积极性，又要使资源实现最有效的配置，如资金资助的方式就要在效率和公平上找到平衡。如果没有欧盟的整体规划，成员国及地区制定的制度肯定会缺乏全局性，出现欧盟各成员国和地区争夺与研究和创新有关的关键资源，如研究人员、研究设施，并为知识的流动制造壁垒。

欧洲研究区要解决的核心问题是科研和创新问题，但是还涉及产业、财税、金融、教育、社会保障、移民等其他领域的制度。欧盟的 28 个成员国存在很大差异性，各层次制度的侧重点也不同，欧盟的超国家层次的制度就要起到引导和示范的作用，要协调成员国的制度尤其是要使科技创新政策趋于一致化，并对成员国的执行情况进行监督。各成员国要改革本国的制度，加强跨国竞争和合作，激励创新，协调好和地方政府的关系，为区域创新系统的完善提供指导。区域制度的制定要考虑本区域的创新资源和地区特色，在保持专业化的基础上接受国家和欧盟的指导。

（三）欧洲研究区以知识为核心要素

在创新系统中，知识是最核心的要素，创新能力的提高取决于知识的创造及转化能力。欧洲研究区致力于形成一个有利于知识、研究者和技术自由流动的区域，从而达到加强合作、鼓励竞争和实现资源更好配置的目的。研究者和技术的实质是知识的载体，因此知识、研究者和技术的流动本质上都是知识在研究区的自由流通。欧洲研究区的五大优先发展措施之一就是优化知识的流通、转化和获取，欧洲研究区的其他优先发展领域最终实现的也是增加知识的生产，推动知识的流动和转化。如优化成员国的国家研究系统是要在成员国内实现知识的有效流通和转化，在此基础上加强跨国合作能实现知识的跨国流通，清除妨碍科研人员流动的障碍，优化科学知识的流通、获取和转化最终都是为了清除知识在欧洲研究区中的流通障碍。因此知识是欧洲研究区中的核心要素。

欧洲研究区符合泛区域创新系统的三大特征，即复杂的跨国创新网络结构、多层次的制度安排，以知识的跨界流动为核心。欧洲研究区的本质是一个泛区域创新系统，在创新系统中，建立各主体间的有效合作机制以及优化系统的制度安排是治理的核心，因此欧洲研究区的建设主要也是围绕各层级主体关系的协调及各层级创新相关制度的整合。

第二章 欧盟建设欧洲研究区的由来及目标

第一节 欧洲研究区建设的背景

在知识经济时代，创新竞争力成为反映一国经济发展潜力的最重要指标之一，欧盟要使创新竞争力在国际上保持领先地位就需要探索一种有效的途径来协调并整合欧洲的创新资源，同时这也是欧洲一体化发展进程中推进欧洲科技和创新一体化的必然要求。随着创新系统理论研究的广泛开展，欧盟在创新系统理论的指导下建立欧洲的泛区域创新系统是一种提升欧盟整体创新竞争力的可行途径。欧盟各国已经具备了多年科技合作的基础，而且合作正进一步广泛和深化。在上述条件具备的前提下，欧盟提出在原有欧洲各国科技合作的基础上建设统一的欧洲研究区，这一提议在欧盟各国达成共识。

一、知识经济时代提升欧盟创新竞争力的需要

进入 21 世纪后，知识经济时代到来，创新竞争力对于一个国家经济发展的重要性取得了世界各国的共识。然而在这种背景下，欧盟在科研对经济的贡献率、研发投入占国内生产总值的比重、高技术产品的对外贸易、研究人员在劳动力中的比重、对科研人才的吸引力方面都表现得不尽人意，而且一些指标反映出欧盟在创新能力方面与美国和日本的差距日益扩大，如图 2-1。

研发是创新的最主要源泉，研发投入占国内生产总值的比重反映一国对创新的重视程度。如图 2-1，欧盟研发投入与美国和日本的巨大差距势必会影响欧盟创新竞争力的提高。欧盟对自身的科技创新状况十分忧虑，欧盟认识到，如果不改变这种态势，那么欧盟的经济发展前景将堪忧，还会进一步影响欧盟

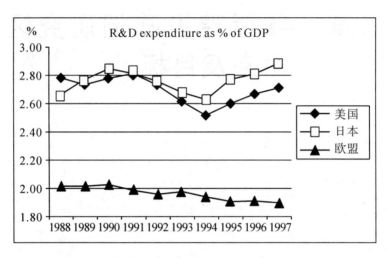

图 2-1　美、日、欧盟研发投入占国内生产总值的比重图

图片来源：欧盟文件 COM（2000）6。

的世界地位。欧盟各国还面临着经济增长乏力、气候变化、失业率高、人口老龄化、能源安全等社会挑战，这些社会问题是欧盟各国面临的共同问题，而且靠一国之力很难应对。因此欧盟迫切需要找到一条有效的途径将各成员国现有的科技创新资源进行整合，共享资源，以集体之力解决欧盟面临的社会挑战，缩小与主要竞争对手的差距，提高欧盟的创新竞争力。

二、创新系统理论的发展为欧盟提供了一种发展思路

从 20 世纪 80 至 90 年代开始，创新系统理论蓬勃发展，世界各国和地区纷纷将构建国家和地区创新系统作为提升自身创新能力的有效途径。欧洲的一些国家尤其是北欧国家，如芬兰、瑞典等国，在构建国家创新系统上取得了很好的成效，这些国家将创新系统理论很好地运用在了实践中，使创新能力大幅提升，成为公认的世界创新强国。欧盟也开始尝试用现有的创新理系统论指导欧盟提升其创新能力，但欧盟作为一个跨国组织，其创新系统的构建比国家创新系统和区域创新系统更为复杂。为研究是否能将创新系统理论及方法运用于构建欧洲跨国创新系统，欧盟 1996 年发起了一个"创新系统与欧洲一体化"的研究计划，结果认为创新系统是具有层次性的，创新系统可能"超国家"，这就为欧盟整合研究与创新资源，推进欧盟科技创新一体化提供了一种思路，也为欧盟建设欧洲研究区，发展欧盟的泛区域创新系统奠定了一定的理论基础。

三、欧洲科技创新一体化发展的需要

欧洲一体化进程影响着欧洲的经济、政治和社会发展，同样也影响着每一个成员国的创新行为。欧洲一体化进程是一个欧洲各国在制度上相互学习、改变和趋同的过程，在一体化推进的过程中，经济货币联盟、结构基金、统一市场、共同劳动力市场政策及欧盟的各种条约等会从制度方面影响到欧盟各国创新系统的发展并促进欧盟各国的创新合作。随着一体化的深入，欧盟成员国之间的科技交流和合作越来越多，欧盟层面的创新活动越来越多，客观上需要欧盟层次的研究与创新政策的发展，欧盟各国需要越来越完善的研究与创新合作机制，需要推进欧洲科技创新一体化进程，因此欧洲研究区的出现是欧洲一体化发展到一定阶段的客观产物。目前，欧洲各国面对内外部的经济发展压力，欧盟提出的整合全欧盟的创新力量提高欧盟创新竞争力以促进经济发展和就业比较容易被成员国接受和认可，欧洲研究区会使欧盟各国的研究与创新更有效率，促进欧盟的高等院校、研究团队和研究者开展良性竞争与合作。欧洲研究区的建设反过来会进一步推进欧盟各国研究与创新的一体化。

四、欧盟各国具备一定的研究与创新合作基础

欧洲各国的科技合作可以追溯到 20 世纪 50 年代，1951 年，联邦德国、意大利、法国、荷兰、比利时、卢森堡六个国家建立了具有超国家性质的"欧洲煤钢共同体"（European Coal and Steel Community）。这六个国家又于 1955 年建立了"欧洲经济共同体"（European Economic Community）和"欧洲原子能共同体"（European Atomic Energy Community）。在这个时期，共同体层面最重要的科学合作领域就是核工业。

1958 年，根据建立欧洲原子能共同体的《罗马条约》成立了"欧洲共同体联合研究中心"，于 1960—1961 年正式开始工作。该中心成立初期，专门从事核研究。1971 年，联合研究中心（Joint Research Center，简称 JRC）进行了重组，具备了行政自由权，中心的研究范围也从原来唯一的核能研究扩展到非核研究领域。

1971 年，欧共体举行了部长会议，决定开展"欧洲科学技术合作计划"（European Cooperation in the Field of Science and Technology，简称 COST），目标是通过一种灵活安排的机制来协调各参与国的研究机构的活动以增强整个欧洲的科技能力，由专门的协调委员会负责管理。该合作计划没有集中的资助和具体、统一的研究政策，各国可以自由地选择参与的行动。新的行动必须由至少

来自 5 个不同成员国的研究团队自下而上地（Bottom-up）向协调委员会申请，其项目是由研究人员建议提出的，协作条款由有关各方交换备忘录确定，并得到 COST 的批准。COST 规定，一旦新的研究合作项目被协调委员会批准执行，由研究团队所在的国家提供必需的资助，COST 并不为项目提供经费，但是会对诸如会议、短期交流和出版物这类联合活动提供经费支持。这种做法的目的显然是希望通过鼓励跨境合作来减少研究活动的分散化。

20 世纪 80 年代，新的技术革命引发了激烈的国际竞争，西欧感到自己与美国和日本在科技领域的差距在加大，西欧各国认识到要加强科研合作共同迎接挑战。在这种背景下，"研究与技术开发框架计划"（Framework Programme for Research and Technological Development，简称 FP）出台，简称 "框架计划"，自 1984 年开始实施，是由欧盟的成员国及协议国共同参与的重大科技计划，具有研究水平高、涉及领域广、投资力度大、参与国家多等特点，涉及范围广泛，目标明确，基本上由业界主导但管理集中，确立了一系列的优先发展的目标。"框架计划" 的参与者包括了来自欧洲各国的大、中、小型企业、高校和研究中心等各类机构。"框架计划" 为各机构的互动交流创造了一个很好的平台，对创新形成了很好的支持作用。

1985 年，在德国汉诺威发起了 "尤里卡计划"（European Research Coordination Agency，简称 EURECA），又被称作 "欧洲联合振兴计划"，旨在加强企业和研究机构在前沿科学领域内开展联合研究与开发，目标是提高欧洲企业的竞争能力及开拓国际市场的能力。"尤里卡计划" 的研究项目由企业和科研单位自下而上地提出，由基层的参与机构自由选题并确立其合作伙伴、合作范围及合作方式。企业和科研机构紧密地结合在一起，每个研究项目必须有两个以上不同国别的企业参加，来自国家基金的资金最多不得超过总资金的50%，其余由企业界提供。"尤里卡计划" 通过建立一个技术合作发展的协调机构，鼓励和协助企业和研究机构之间开展跨国合作，把各国的技术资源组织起来，推动与经济发展密切相关的高技术的研究与开发，支持各国企业、研究机构和高等院校开展以市场为导向的研究和创新项目。该计划期望联合制定工业标准，从而能够以诸如相互承认检验程序和证书的方式取消贸易方面的技术障碍，并最终开放公共采购系统。

第二节　欧洲研究区的目标

欧盟在基础研究方面一直是有传统优势的，创新能力的低下主要是由于市场转化能力比较弱。欧盟期望通过欧洲研究区的建设解决研究与创新的市场失灵和系统失灵问题，将欧盟各国的研究与创新力量有效整合，发挥整体优势，使欧盟的创新能力能够得到有效提升，最终促进欧盟的经济增长和就业。

一、解决创新的市场失灵问题以提高欧盟的整体创新能力

创新活动中的市场失灵主要表现在市场机制不能对科技创新活动给予足够支持而导致创新绩效低下。市场失灵主要表现为：创新投入不足造成的投入失灵；创新主体创新能力不足导致的能力失灵；市场需求方和供给方信息不对称导致的信息失灵。欧洲研究区期望解决创新的市场失灵问题以提高欧盟的整体创新能力。

（一）增加创新投入从而解决投入失灵

由于创新具有准公共物品的特性，如果仅靠市场机制调节，会造成创新投入的不足，导致投入失灵。尤其是创新链条起始的科学研究阶段，由于投入高、风险高、收益不确定，私营机构往往不愿意投入。还有一些重大科研项目由于投入过大，单靠某个企业、某个研究机构甚至某个国家都很难承担，比如解决能源危机问题、气候变暖问题等。而那些旨在解决欧盟成员国共同面对的重大社会问题的研究项目，对欧盟各国都具有十分重要的意义，欧盟希望通过欧洲研究区的建设能在统一的研究区域内整合各成员国的资源，通过增加公共和私人部门的共同投入解决创新投入不足的问题。

（二）整合创新力量解决能力失灵

如果仅靠市场来调节，竞争将成为各经济体的主要目标，只会加剧欧盟成员国之间对创新资源的争夺，在成员国间很难形成广泛而深入的合作。大部分欧盟成员国的规模都比较小，欧盟要想成为在世界上具有强大创新竞争力的重要一极，单靠任何一个成员国的力量都是无法做到的，要想解决一些重大的社会问题也需要欧盟作为一个整体来共同面对挑战。欧洲研究区希望能够将松散的欧洲研究力量整合在一起，将各成员国的创新系统有效整合以实现优势互补，加强公私合作、产学研合作，通过有效的合作机制解决欧盟创新能力不足的问题。

（三）鼓励需求为导向的创新解决信息失灵

新产品和新服务得到市场的认可才意味着创新的实现，但创新的成果能否被市场所接受面临着不确定性。由于市场存在信息失灵的问题，一个新的产品进入到市场往往有一个被接受的过程，传统市场的垄断会对新的创新产品进入市场造成阻碍。欧洲研究区崇尚以需求为导向的创新，将产学研机构紧密结合

在一起，通过自下而上的方式进行科研项目平台的建设，开展联合技术行动、科学研究项目的选择，充分参考对市场较熟悉的企业的意见，并通过政府公共采购等方式为创新产品进入市场扫清障碍。

二、解决系统失灵问题以提升欧洲研究区的创新竞争力

创新系统的系统失灵主要表现在由于系统中各要素未能有效互动导致系统功效不能充分发挥。具体表现为系统中关键组织的缺失或能力不足导致的组织失灵、系统内部制度的缺失导致的制度失灵、系统内各机构间缺乏互动导致的互动机制失灵、系统内公共基础设施和科技基础设施的缺乏导致的设施失灵。欧洲研究区就是要克服欧盟各成员国创新系统的系统失灵问题，建设一个有效运行的泛区域创新系统，充分发挥其系统优势以提高其整体创新竞争力。

（一）提高创新机构的创新能力，解决组织失灵问题

创新系统是一个创新相关机构互动的结构，每一种组织类型不可或缺。政府组织不力会导致创新系统的制度环境恶化，企业创新能力不足会影响创新产品的市场应用，研究机构、高等院校发展的缺失会导致基础研究的缺乏，创新服务机构的缺失会影响创新的效率。创新系统中某一类型的组织缺失或者能力太弱都会影响知识在系统内的有效传播和扩散，影响整个系统功能的发挥。欧盟期望通过欧洲研究区的建设加强各类组织机构的协作，加强学习与交流，使各类主体的能力得到一致提高。

在泛区域创新系统中还涉及地区发展平衡问题，如果不同地区的创新机构创新能力差别很大会导致整个系统无法协调运转。欧盟东扩以来，欧盟地区之间的创新能力差异比较大，欠发达地区的创新机构能力较弱，影响知识的全面自由流动，欧洲研究区希望能解决系统内地区发展不平衡的问题，完善欠发达地区的机构建设并提高其创新能力。

（二）加强制度的建设及协调发展，解决制度失灵问题

制度包括正式制度和非正式制度。正式制度主要包括法律、法规、政策和监管。非正式制度包括文化和价值观。制度安排是创新系统的重要构成部分，制度环境对创新系统的运行有重要影响。欧盟将欧洲研究区的相关内容纳入《里斯本条约》中，希望通过欧洲研究区的发展使各成员国的研究与创新政策与欧盟逐渐一致，进一步完善欧洲研究区的制度环境。在欧洲研究区开展的研究项目中体现共同的欧洲价值，加强了价值认同。在欧洲研究区建设中要加强对不同层次制度的有效协调，希望为各层级创新主体创造良好的制度环境，促进创新系统的良好运转。

（三）加强创新相关机构的有效合作，解决互动机制失灵问题

创新系统主要是通过系统内机构之间的有效互动以加强知识在系统内的有效流动从而提高系统的创新能力的。如果系统内的机构之间缺乏有效的互动机制，知识就不能在系统内有效流动从而会使得整体创新能力被削弱，系统的优势就发挥不出来，就会使互动机制失灵。欧洲研究区作为泛区域创新系统，包容各成员国的国家创新系统和区域创新系统，致力于加强各子系统和子子系统的开放性，使得它们在保持自身特色的基础上接受来自其他子系统的新知识，加强各成员国之间以及创新机构之间的互动学习，在欧洲研究区内广泛推广好的发展模式和政策；同时也创造条件，加强欧洲研究区内各创新主体之间的互动，推进科技信息的共享以保证知识的有效创造、流动和转化。

（四）促进重大科研设施的共建和共享，解决设施环境失灵问题

卓越的研究离不开世界级的研究设备和设施，创新系统的科研基础设施环境对于系统内创新机构的发展有着重要意义。科研基础设施的完善不仅是开展创新的前提条件，也是吸引外部资源和人才加入的重要条件。由于一些重大的科研基础设施投入高、建设周期长，单个科研机构或成员国往往无力承担其建设。欧洲研究区的建设注重加强欧盟及成员国对科研基础设施的联合投入和共同建设，促进对现有科研设施的共享以提高科研设备和设施的利用效率，改善欧洲研究区的科研基础设施环境。

欧盟希望通过欧洲研究区的建设解决创新过程中遇到的市场失灵和系统失灵问题，更好地进行创新资源的配置和共享，最终实现欧盟创新能力的提高和创新竞争力的增强，并通过此解决长期困扰欧盟的经济增长和就业问题。

第三节　欧洲研究区的优先发展领域

2012 年 7 月，在分析现阶段欧洲研究区发展的主要阻碍因素后，欧盟委员会制定了欧洲研究区的五大优先发展领域，分别是：更有效的国家研究系统；优化跨国合作和竞争；为研究者提供开放的劳动力市场；在研究领域实现性别平等和性别主流化；优化科学知识的流通、获取和转化。随着社会的发展，欧盟对欧洲研究区的优先发展领域进行了更新，2016 年最新发布的《欧洲研究区发展报告》将国际合作列入了欧洲研究区的优先发展领域。

一、更有效的国家研究系统

欧洲研究区是各成员国研究与创新系统的整合，建立有效的成员国研究系

统是欧洲研究区有效运行的前提条件。对成员国研究系统的改革具体包括提升国家的竞争力，维持或增加科研投入；在国家间开展良性竞争，使投入科研的公共资金能够得到最有效的使用并产生最大效益；通过公开招标及独立而公正的评价方式决定公共科研基金的配置；加强交流，将成员国现有的成功实践经验在欧盟范围内推广；对科研机构和团队的研究成果及质量进行有效评估。

二、优化跨国合作和竞争

欧洲研究区的最终实现以成员国之间良好合作机制的建立为前提条件，因此要促使成员国在应对共同的社会挑战中开展联合行动以实现规模效益；要开展共同项目行动并执行共同战略研究日程，加快一致行动的执行速度；通过促进成员国在欧洲范围的公开竞争来提升研发质量；在全欧洲范围内有效使用关键的研究基础设施，推进成员国在科研基础设施的建设和使用方面开展合作。

三、为研究者提供开放的劳动力市场

研究者是欧洲研究区的关键要素之一。研究者的自由流动也是知识自由流动的重要体现。建立欧洲研究区，真正实现研究人员在区内的自由流动就要先建立统一的欧洲研究者劳动力市场，在欧洲范围内实现透明、公开、以能力为基础的招聘，确保清除妨碍科研人员流动、培养的障碍，打造有吸引力的研究职业生涯。

四、在研究领域实现性别平等和性别主流化

欧洲研究界的性别不平衡问题比较严重，造成了女性科研人力资源的浪费。欧洲研究区要实现一切研究与创新资源的有效利用，其中包括要充分发挥女性研究人员的作用。因此不能再继续造成女性科研人力资源的浪费，在科研和培养人才方面的观念和方式应该更灵活，倡议研究相关机构变革现有制度以实现性别平等，在研究和创新中实现性别主流化[①]。

五、优化科学知识的流通、获取和转化

欧洲研究区要实现知识的自由流动，就需要使科学出版物和数据能被及时获取，保证所有人都能获得知识。鼓励开放式创新，在开放式创新的环境下培

———————

① 性别主流化是指所有政策活动均以落实性别意识为核心，在各个领域和各个层面上评估所有有计划的行动（包括法律、政策、方案）对不同性别的不同意义。其最终目标是实现性别平等，使男女双方受益均等。

养公共和私人研究机构的知识转化能力。由于越来越多的知识创造和扩散都通过数字手段，因此发展数字欧洲研究区、完善电子科研设施要得到重视。

六、国际合作

这一优先发展领域的目标是在全球化发展背景下确保欧洲作为一个整体能充分把握创新领域的发展机会，争取获得最大利益。主要举措包括：将国家战略在国际化背景下重新确定，加强与重要的第三国的合作，更好地协调欧盟、成员国、联系国针对非欧盟国家和国际组织的目标和行动，优化欧盟多边和政府间的项目，更好地利用成员国之间及与其他伙伴国家之间的双边或多边协定。

前五大优先发展领域是欧盟在欧洲研究区建设了十余年之后提出的，是在十余年发展经验的基础上总结出的阻碍欧洲研究区实现的五大主要障碍。只有解决这五大障碍，欧洲研究区才能顺利实现，因此欧盟要求所有成员国遵守"欧洲研究区遵从"（ERA Compliance）原则，即成员国的国民经济发展方案要与欧洲研究区的战略规划与发展路线保持一致，成员国在国民经济改革方案中要涉及上述五大优先发展领域，并将其纳入"欧洲学期"的监管机制中。欧盟对欧洲研究区的阶段性评价目前也主要是评判上述五个领域的发展情况。

第三章　欧洲研究区的建设方式

第一节　欧洲研究区的法律基础

《里斯本条约》给欧洲研究区的建设提供了法律依据。《里斯本条约》是在原《欧盟宪法条约》的基础上修改而成的，它采取欧盟传统的修订条约的方式，修订了《欧洲联盟条约》与《欧洲共同体条约》，并将后者重新命名为《欧洲联盟运行条约》。《里斯本条约》的正式生效，对欧盟现行的机构与制度改革有着重大意义，《里斯本条约》中关于欧洲研究区的内容也给欧洲研究区的建设提供了法律制度上的保证。

《欧洲联盟运行条约》第 19 编是关于科研与技术开发及空间的内容，其中以下条款与欧洲研究区有关。

第 179 条（原《欧洲共同体条约》第 163 条）：

"1. 联盟应致力于通过建立一个研究人员、科学知识和技术在其中自由流动的欧洲研究区以加强联盟的科学和技术基础，并促进竞争力的加强——包括在工业领域，同时促进条约其他章节确认的有必要的所有研究行动。

2. 为本条第 1 款之目的，联盟应在整个联盟内，鼓励企业（包括中小企业）、研究中心和大学从事高质量的研究和技术开发活动。联盟支持它们之间进行相互合作，特别是允许研究人员自由跨界合作，帮助企业充分利用内部市场潜力，尤其是要通过开放国内公共合同、制定共同标准以及取消妨碍合作的法律与税收方面的障碍等方式来达到此目的。"

第 179 条对欧洲研究区概念进行了界定和解释，明确了欧洲研究区的目标，使得欧洲研究区的建设有了法律依据。明确指出要支持作为"知识三角"的企业、研究中心和大学之间的合作，提出联盟要致力于消除成员国妨碍合作方面的法律和政策障碍。

第180条（原《欧洲共同体条约》第164条）："在实现上述目标的过程中，联盟应采取以下行动，以补充成员国的行动：通过促进联盟与企业、研究中心和大学的合作以及它们之间的合作，执行研究、技术开发和示范项目计划；在联盟研究、技术开发和示范项目领域，促进联盟与第三国和国际组织的合作；推广联盟在研究、技术开发和示范项目领域内的活动成果，并使之最优化；鼓励联盟内研究人员的培训和流动。"

第180条主要明确了欧盟在欧洲科技发展中的作用，要协调和推动全欧范围的科技合作，积极开展国际合作，致力于研究成果的推广，促进研究人员的流动。

第181条（原《欧洲共同体条约》第165条）：

"联盟与成员国应协调其科研与技术开发领域的活动，以确保各国政策与联盟政策相互一致。经与各成员国密切合作，委员会可提出任何有益的动议，以促进本条第1款提及的协调，特别是提出旨在制定指导方针和指标、组织最佳实践交流及准备定期监督和评估所必需的内容的动议。所有相关内容应通知欧洲议会。"

第181条强调了欧盟与成员国在科研与技术方面政策及行动协调的重要性，并明确了欧盟在其中的导向性作用，明确了欧盟委员会在促进欧盟与成员国协调方面的职责。

第185条（原《欧洲共同体条约》第169条）：

"在实施多年度框架计划的过程中，经有关成员国同意，欧盟可就由若干成员国承担的研究和开发计划制定条款，包括为实施这些计划而设立的组织结构。"[①]

185条款规定欧盟可以加入几个成员国联合参与的研究项目，也可以加入为执行国家项目所建立的组织。只要项目具有十分明显的欧洲附加价值，欧盟可参与的联合项目的范围可以突破第七框架计划所列举的合作领域，覆盖更多的研究课题。欧盟积极参与基于第185条款设立的合作科研项目对于欧盟各成员国之间加强合作以及实现利益和成果共享具有重要意义。

第二节　影响欧洲研究区决策的机构

参与欧洲研究区治理的主体是欧盟、成员国（包括联系国）、与研究有关

---

① 程卫东. 欧洲联盟基础条约［M］. 北京：社会科学文献出版社，2010：117-118.

的利益相关机构（Research Stakeholder），因此影响欧洲研究区决策的机构也主要是来源于这三大主体。

一、欧盟

欧盟是欧洲研究区的主要推进者，欧盟制定各种措施并开发各种治理工具致力于欧洲研究区的推进。与欧洲研究区有关的报告和政策建议一般由欧盟委员会（European Commission）提出，再由欧盟理事会（The Council of the European Union）和欧洲议会（The European Parliament）修正、通过或驳回。欧盟的三大机构及一些咨询机构在欧洲研究区的相关决策制定上起着重要的作用。

（一）欧盟委员会

欧盟委员会是参与欧洲研究区决策的最重要的机构之一，它密切联系成员国，加强成员国之间科技政策的一致性，并促进研发创新计划的协调与合作，激励社会各方增加对科研的投入，欧盟委员会在欧洲研究区的所有决策中都起着重要作用，它制定欧洲研究区的发展前景和发展框架，确定欧洲研究区的实施措施，提出优先发展事项和行动建议，推动各相关主体之间的交流，促进科技人员和科研成果的流动，对欧洲研究区的开展进行评价，发布欧洲研究区年度发展报告，并依据《里斯本条约》赋予的权利，就由若干成员国参与、承担的研究和开发计划制定条款。欧盟委员会下设的一些组织对于欧洲研究区的决策有着重要的影响。

1. 研究与创新总司

研究与创新总司（DG RTD）的职能是以实现"欧洲 2020 战略"和创新联盟为目标发展并执行欧洲研究与创新政策，致力于使欧洲成为更佳的居住和工作地点，增强欧洲的竞争力，促进经济增长，带来更多的就业机会，能够应对当前和未来的重大社会挑战。

研究与创新总司通过框架计划支持研究和创新，协调并支持成员国和地区层次的研究与创新项目，为研究人员和知识的自由流动创造条件，支持欧洲的研究组织和研究者在国际层面上开展合作。通过这些行为，研究与创新总司有力地支持了欧洲研究区的发展。研究与创新总司下还有创新与欧洲研究区司，负责与创新和欧洲研究区建设相关的政策、改革等事务。

2. 联合研究中心

欧盟的联合研究中心（DG JRC）成立于 1960 年，是欧盟委员会的内部科学服务机构，它组织科学家开展研究工作，为欧盟科学方面的政策提供独立的建议，并对欧盟的政策提供以事实为依据的科学和技术支持。它的科学研究涉及健康和环境安全、能源保障、可持续交通、消费者健康和安全等方面的研究。联合研究中心有七大科学机构，分别在比利时的布鲁塞尔和海尔、德国、意大利、荷兰和西班牙。联合研究中心与公共和私营组织、地方机构、专业协会、企业及各类研究机构有密切联系，既承担欧盟专项研究计划也协助制定欧盟科研政策。联合研究中心的主要工作包括制定欧盟科学研究的相关法规；对科技人员进行技术培训，促进欧盟各国的科技合作与交流；对其研究成果进行转让并参与技术转让的鉴定推广工作。联合研究中心对欧洲研究区开展研究，发布了很多欧洲研究区的研究报告，向欧盟委员会就欧洲研究区的发展提供政策建议。

3. 专家组织

欧盟委员会经常成立专家组以支持政策的制定，如"里斯本专家组"和"知识促增长专家组"。基于欧盟委员会科研与创新委员盖根·奎恩（Geoghegan-Quinn）的请求，研究和创新总司在2011年成立了"创新促发展"高级经济政策专家组，目的是使其像创新联盟旗舰计划中提出的那样能够提供独立的建议以支持"欧洲2020战略"。"创新促发展"高级经济政策专家组的前身是"知识促增长"高级专家组。"创新促发展"高级经济政策专家组评估研究和创新行为的社会经济影响，分析并评价研究和创新的最佳案例，对研究和创新政策提出建议，建议内容涉及欧洲研究区的建设和发展。

欧盟还成立了"研究、创新和科学政策专家组"（Research, Innovation, and Science Policy Experts，RISE）。为欧盟研究、创新和科学事务以及负责相关事务的委员提供意见。其主要任务是研究如何更好地运用欧盟的研究、创新和科学政策以适应欧盟的增长方式并在全球化的世界中为欧盟相关国家发展智慧的、经济的、环境友好的、可持续发展的、社会包容的经济增长方式创造条件。"研究、创新和科学政策专家组"建立在欧洲研究与创新区域委员会（ERIAB）、"创新促发展"高级专家组和欧盟前瞻性论坛（European Forum on Forward Looking Activities，EFFLA）的工作基础之上，将这几个组织的工作结合起来。其对于欧洲研究区的相关发展决策起到咨询和建议作用。

（二）欧盟理事会

欧盟理事会是由欧盟成员国的政府部长所组成的，是欧盟的重要决策机构，欧盟委员会的建议文件需要由欧盟理事会批准。欧盟理事会召集有关部长定期召开会议，评估欧洲研究区的进展情况，探讨需要采取的新的政策措施，确定需要优先发展的创新领域，为欧洲研究区建设提供指导，并采取必要措施完善欧洲研究区的建设。平时与欧洲研究区有关的工作主要由理事会研究工作组（Research Working Party）、常驻代表委员会（Coreper）进行。

（三）欧洲议会

欧洲议会定期举行由各国议会代表和利益相关方参加的会议，了解欧洲研究区的重要进展和关键信息，加强欧洲研究区建设在政治议程中的关注度。平时与欧洲研究区相关的工作由欧洲议会中的工业、研究和能源委员会（ITRE）负责，欧洲议会的科学及技术选择评估部门为欧洲议会提供研究方面相关事务的咨询。

（四）经济与社会委员会

经济与社会委员会（European Economic and Social Committee）为欧盟咨询机构，于1957年成立，旨在吸收欧盟成员国及社会各界利益集团参与欧盟建设，对欧盟决策产生的经济和社会方面的影响发表意见，对欧盟三大机构提出建议，对欧盟的决策提供咨询服务并施加间接影响。由于欧洲研究区建设涉及人员培训、就业、社会基金等问题，因此需要接受经济与社会委员会的建议，其相关决策会受到经济与社会委员会的影响。

（五）地区委员会

地区委员会（Committee of the Regions）是欧盟下属的咨询机构。地区委员会的委员来自地方和地区当局，是由部长理事会根据成员国的提议而任命的，任期为四年，设立地区委员会的目的是要让各地区委员会参与欧盟的立法程序，以保障各地区的利益。欧盟委员会和欧盟理事会在经济和社会各方面聚合，但泛欧交通、通讯和能源网络、文化、卫生、教育和青年方面的决策必须咨询地区委员会的意见，关于欧盟在其他领域的决策，地区委员会可以发表意见。因为欧洲研究区的发展会涉及前文提到的五个领域，因此地区委员会对于欧洲研究区的相关决策也有一定的影响。

（六）与欧洲研究区有关的咨询机构和论坛组织

在欧盟，与欧洲研究区有关的咨询工作主要来自于欧洲研究区相关组织（ERA-related groups），主要包括欧洲研究区与创新委员会（European Research Area and Innovation Committee，ERAC）、赫尔辛基研究与创新领域性别问题工作组（Helsinki Group on Gender in Research and Innovation）、欧洲研究区人力资源和流动性指导组（ERA Steering Group on Human Resources and Mobility，SGHRM）、欧洲研究基础设施战略论坛（European Strategy Forum on Research Infrastructures，ESFRI）、国际科技合作战略论坛（Strategic Forum for International Science and Technology Cooperation，SFIC）、联合项目高级组（High Level Group on Joint Programming，GPC），还有国际科技合作战略论坛和欧洲研

究与创新区委员会（European Research and Innovation Area Board，ERIAB）对欧洲研究区的决策也有一定影响。

1. 欧洲研究区与创新委员会

欧洲研究区与创新委员会（European Research Area and Innovation Committee），简称 ERAC，前身是科技研究委员会（Scientific and Technical Research Committee，CREST），在欧洲研究区中起着很重要的作用，是一个政策咨询机构，职责是协助欧盟委员会和欧盟理事会处理关于研究和技术开发领域方面的工作。科技研究委员会成立于 19 世纪 70 年代早期，欧盟理事会 2009 年在加强欧洲研究区治理的背景下重新界定了其工作内容，并在 2010 年 5 月 26 日的决议中将科技研究委员会正式更名为欧洲研究区委员会（European Research Area Committee，ERAC）以使其角色更有利于推动欧洲研究区的发展。随着欧盟各界对研究和技术开发越来越重视，欧洲研究区委员会的工作也越来越重要，其职能主要是为欧盟委员会、欧盟理事会以及成员国提供与欧洲研究区有关的咨询建议，同时也监督欧洲研究区的建设情况。2013 年，欧盟理事会进一步将欧洲研究区委员会改名为欧洲研究区与创新委员会（简称仍为 ERAC）以凸显创新的重要性，明确将欧洲研究区与创新委员会定位为战略政策的咨询机构，其主要任务是在欧洲研究区发展方面进行战略推动[1]。欧洲研究区与创新委员会由欧盟的代表以及每一个成员国负责研究和创新政策的两名高级代表组成，还要请框架计划的联系国代表作为观察员出席会议，如果议题需要，还可以邀请欧洲议会的成员参加会议。欧洲研究区与创新委员会下面还有一个知识转化工作组（The Knowledge Transfer Group），主要职责是加强欧盟在知识转化中的知识产权管理，对大学及公共研究机构在行为准则方面提出建议并督促其执行。

2. 赫尔辛基研究与创新领域的性别问题工作组

赫尔辛基研究与创新领域的性别问题工作组（Helsinki Group on Gender in Research and Innovation）是欧盟关于性别、研究和创新问题的咨询机构，组成人员为欧盟成员国和联系国的代表，在执行"地平线 2020"（Horizon 2020）计划和推进欧洲研究区中就促进欧盟层次的研究和创新领域中的性别平等问题对欧盟委员会提供建议。同时它也是一个有价值的论坛，为欧盟国家提供了一个国家政策的交流和对话平台，在增强成员国和欧盟层次上的性别平等意识方

---

① Council of the European Union. Council Resolution on the Advisory Work for the European Research Area [R]. Brussels, 2013.

面起了关键作用。

3. 欧洲研究区人力资源和流动性指导组

欧洲研究区人力资源和流动性指导组（ERA Steering Group on Human Resources and Mobility，SGHRM）是一个在欧洲从事研究相关工作的人力资源的论坛组织。其关注内容包括博士培养、公共研究机构的招聘、研究生涯的构建、社会保障、研究人员的补助资金等，致力于清除妨碍研究者自由流动的障碍。成员包括来自不同国家的研究者、部长级人员、研究管理者、政策制定者等，成员构成考虑性别和年龄的平衡。

4. 欧洲研究基础设施战略论坛

20 世纪末以来，欧盟认识到研究基础设施对于提高欧盟创新能力的重要性，开始更积极地考虑在欧盟的统一框架内推动大型研究基础设施的发展。欧盟于 2002 年成立了"欧洲研究基础设施战略论坛"（European Strategy Forum on Research Infrastructures，ESFRI），负责研究制定欧洲大型研究设施的规划和政策，以协调欧盟成员国研究基础设施发展方针，通过大规模的协商确定未来拟支持的研究基础设施计划。2006 年，"欧洲研究基础设施战略论坛"发布《欧洲科研基础设施路线图》，其后根据发展需要不断修订和监督落实。"欧洲研究基础设施战略论坛"支持在新建和使用欧洲范围的研究基础设施方面进行统一的战略性决策，由一个或多个成员国和联系国的代表提出建议，使成员国在开发和最优使用具有泛欧意义的研究基础设施方面共同协调行动。"欧洲研究基础设施战略论坛"的代表由成员国和联系国管理研究的部委提名，还包括欧盟委员会的代表，代表们一同建立共同战略，定期修订和发布关于研究基础设施的路线图、报告和标准。由于科研基层设施的建设是欧洲研究区建设的一个组成部分，因此"欧洲研究基础设施战略论坛"对欧洲研究区的推进产生积极影响，其推动了欧洲研究区发展框架的构建，并通过推动欧洲研究基础设施的共建和共享加强了成员国之间的联系，从而推动了欧洲研究区的建设。

5. 联合项目高级组

联合项目高级组（High Level Group for Joint Programming）处理联合项目进行过程中的相关事务，包括联合项目选题的确认、申请的评估，对联合项目的发展和执行有重要影响的事务密切关注，例如进行同行评议程序、前景预测、联合项目评价、成员国和地区政府对跨界项目的资助、研究资金的最优分配和使用等。组成人员为成员国和欧盟的高级官员，联系国可以参加。联合项目高级组通过对成员国联合项目产生重要影响从而影响欧洲研究区的相关决策。

6. 国际科技合作战略论坛

加强国际合作是欧洲研究区建设的一个重要层面。2008 年 12 月，竞争力司倡议欧盟成员国和委员会在国际科学与技术合作方面建立伙伴关系。基于此，成员国和欧盟委员会建立了"国际科技合作战略论坛"（Strategic Forum for International S&T Cooperation ， SFIC）。"国际科技合作战略论坛"通过数据分享和确认联合优先发展领域，为欧洲研究区国际层面的发展、执行和监督提供便利，加强欧盟和成员国在开展研究与创新国际合作方面的伙伴关系。

7. 欧洲研究与创新区委员会

欧洲研究与创新区委员会（European Research and Innovation Area Board，ERIAB）成立于 2012 年 2 月，目标是给研究和创新总司在研究与创新政策上提供独立的咨询建议。其前身是欧洲研究区域委员会（ERAB，2008—2012年）和欧洲研究咨询委员会（EURAB，2001—2007 年）。这两个机构的工作内容都是关于欧洲研究区的相关事务。欧洲研究与创新区委员会的成立标志着其关于创新政策的建议将更集中于创新联盟政策和欧洲研究区的完成方面。其主要任务包括：就欧洲研究区相关事务向欧盟委员会提供意见，对优先发展领域和行动进行建议，对欧洲研究区和创新联盟的发展和实现情况发表看法，对欧洲研究区和创新联盟的发展情况提供年度报告，把握欧洲研究区和创新联盟的发展新趋势。其成员由欧盟委员会提名和任命。

二、成员国和地区政府

欧洲研究区的治理是分不同层级的，成员国层级的治理主要靠成员国政府。目前，欧盟国家研究与创新政策的制定权主要是在成员国政府手中，欧盟层次的政策还比较少，各国的研究支持体系也是独立的，欧盟研究与创新项目的资金支持主要来自于成员国政府，因此成员国政府的相关管理机构在欧洲研究区决策体系中起着至关重要的作用，而且欧盟层次的治理也需要各成员国的支持与配合才能完成。欧洲研究区是在欧盟各成员国国家创新系统协调发展的基础上构建的跨国创新系统，最终要实现研究人员、知识、技术在欧洲研究区内的跨成员国自由流动。由于欧盟提出的政策建议要靠成员国的支持和执行才能落实，为了得到成员国的配合和支持，欧盟在政策建议出台之前会经过多方协商并广泛地征询意见，其中成员国政府是意见征询的重要对象，而且欧盟咨询机构中也有来自成员国政府的代表，因此成员国政府对欧盟的政策建议是否支持关乎到欧洲研究区政策能否最终出台以及政策出台后能否真正落实执行。欧洲研究区能否最终实现，关键在于成员国是否支持、配合。欧洲研究区的发展框架和发展措施能否体现在成员国的改革方案中并得到真正的贯彻执行取决于成员国政府采取的治理措施，因此成员国政府是欧洲研究区治理的重要主体之一。

在欧盟的大部分国家中，成员国地区在本地区发展中拥有着很大的自治权，地方政府在构建区域创新系统，增加地方创新投入，发展地方教育和培训、激励企业创新方面影响着区域创新能力的提高。区域创新系统是成员国创新系统的子系统，是欧洲研究区的子子系统，因此成员国地区的政府也是欧洲研究区治理的主体之一，影响着欧洲研究区的决策。

三、与研究有关的利益相关机构

与研究有关的利益相关机构在推动欧洲研究区建设中起着非常重要的作用。与研究有关的利益相关机构主要包括公共或私营性质的研究主体（包括研究者、大学、研究基金机构、专门从事研究的机构）的联盟和代表机构及其成员，可以分为研究资助机构和研究执行机构两大类①。欧盟关于欧洲研究区的每一项政策建议与行动方案都经过了广泛调查和咨询，在收集各方意见的基础上做出决议，而与研究有关的利益相关者是调查和咨询的主要对象。他们对欧洲研究区的执行情况有着最直观的感受，其建议体现了一线研究者的需求。早在卢布尔雅那进程中，欧盟就提出了在欧洲研究区建设中要发展欧盟、成员国、利益相关组织之间的伙伴关系。欧洲存在着多种研究机构和大学联盟组织，这些联盟组织成员众多，社会影响力很大，是一线研究人员和研究机构的代表组织，对欧洲研究区的建设起重要作用。

很多与研究相关的联盟组织非常支持欧洲研究区建设，一直为实现欧洲研究区而努力，对欧洲研究区的建设起到了积极的推动作用。如欧洲研究型大学联盟很重视欧洲研究区的建设，在 2002 年就提出了建设欧洲研究区的计划，在 2009 年还描绘了欧洲研究区未来的发展方向。一直以来，欧洲研究型大学联盟都采取积极行动推动欧洲研究区的发展，其他几大联盟组织也同样积极参与了欧洲研究区的建设。2012 年，欧盟在《加强欧洲研究区伙伴关系，促进科学卓越和经济增长》的通讯中强调了在欧洲研究区建设中发展伙伴关系的重要性，欧盟委员会还与欧洲研究与技术组织联合会、欧洲大学联盟、欧洲研究性大学联盟、北欧科研合作组织和科学欧洲五个利益相关组织签订了联合声

---

① European Commission. A Reinforced European Research Area Partnership for Excellence and Growth [R]. Brussels, 17. 7. 2012. COM (2012) 392 final: p6.

明《共建伙伴关系，建设欧洲研究区》，表明要共同协作，努力实现欧洲研究区。还发布了要共同促进科研信息的开放获取（Open Access）的声明，确保欧盟及其成员国中通过公共资金资助产生的科研成果能够被使用者免费使用，以促进科研成果的传播和应用。为响应通讯和声明，随后欧盟还成立了"欧洲研究区利益相关者论坛"，参与论坛的组织紧密合作，共同推进欧洲研究区的政策发展。2013 年，欧洲先进工程教育与科研高等学校大会组织（CESAER）也加入利益相关者平台，欧洲研究区利益相关者组织通过这个平台共同讨论欧洲研究区的政策发展。这个论坛组织不仅加强欧盟与利益相关组织之间的关系，还加强了利益相关者组织之间的联系，有利于他们之间达成共识并开展合作。

第三节　欧洲研究区治理模式

欧洲研究区作为一个泛区域创新系统涉及多层次的制度协调，既包括在欧盟、成员国和成员国地区之间的纵向协调，也包括在政府、企业、高等院校、研究机构和创新服务机构之间的横向协调，如图 3-1 所示。

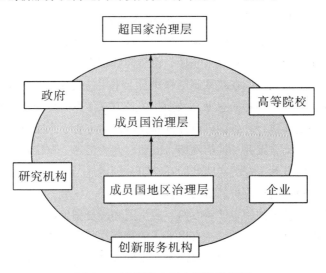

图 3-1　欧洲研究区多层次治理图

欧盟在一体化的过程中逐渐形成了一个多层治理的体系。欧盟的机构是超国家治理的主体，成员国政府是国家治理的主体，成员国各级地区政府是地方治理的主体，社会治理的主体是代表各阶层利益的民间团体、非政府组织、行业协会等。在欧盟，随着一体化进程的推进，成员国让渡了一部分主权，在某些政策领域由欧盟统一制定政策并监督实施；还有一部分政策的制定权仍掌握在成员国手中，在这些政策领域，欧盟只起到支持和协调的辅助作用；还有一部分政策介于两者之间，由成员国和欧盟共同进行政策的制定和实施。

对欧洲研究区影响最大的政策是研究、技术和创新政策，但由于创新是一个很广义的概念，创新链条从科学研究到技术开发再到新产品进入市场涉及社会多个领域，因此很多政策都会影响到科技创新，如产业政策、社会保障政策、税收政策、教育政策等。与欧洲研究区有关的研究、技术开发政策属于欧盟与成员国共同负责的领域，其他一些相关性高的政策，例如经济与社会融合、能源、运输等政策领域也属于欧盟和成员国共同负责的。同时，一些与研究和创新密切相关的政策领域，如教育政策属于成员国各自负责制定并实施的。基于欧盟国家的治理现状，欧洲研究区的治理也必然需要采用多层治理结构，欧盟在欧洲研究区的治理中主要采用了开放式协调治理的模式，欧盟还通过在欧洲研究区主体间发展伙伴关系共同推动欧洲研究区的建设。

一、开放式协调治理

2000年，欧盟提出在创新政策领域引入开放式协调机制，这种机制介于政府间合作和超国家治理之间，是一种软治理。由于开放式协调法在就业政策中被成功运用而被引入其他政策领域，希望能够在更广泛的领域更好地协调欧盟与成员国。开放式协调在政策制定和执行上采用的是一种非线性的、循环的方式，重视各利益相关者的意见，鼓励相关各方在信息充分交流的基础上积极参与政策的制定和执行。各国可以依据欧盟制定的方针，再结合本国的具体情况制定本国的行动方案并反馈给欧盟，欧盟以此为参考，制定新的具体行动方针。这种机制能有利于好的实践经验在欧盟范围内进行交流和传播，从而使欧盟的行动方针更容易被成员国认可和执行。

欧洲研究区政策的制定涉及欧盟、成员国和成员国地区多个层次，执行方式在不同层次也是多样化的。一直以来，成员国在研究与创新政策方面有很大的自主权，诸如知识产权、税收等政策在不同成员国之间也有很多差别。开放式协调机制协调欧盟、成员国及地区的关系，希望各层级主体在研究与创新政策方面能够更加趋向于一致，开放式协调机制会加强创新政策在欧盟各国的标准化。欧洲研究区中的制度是在多个治理层次交织的，开放式协调机制有利于欧盟各成员国制度的协调，能通过欧盟组织的成员国之间相互学习政策，使成功的经验在成员国之间扩散，逐步实现欧盟及成员国政策的协调一致化。采用的主要方式包括：

（1）制定欧盟层面的指导方针和实现短期、中期、长期目标的发展时间表。

（2）建立定性的和定量的指标及标准，并根据成员国和相关部门需要进行调整，用于比较分析成员国实践进行情况。

（3）在考虑各国和地区实情的基础上制定具体措施和目标，将欧盟的指导方针转化成国家和区域的政策。

（4）对于取得的进展进行定期监督评价，以实现成员国之间的相互学习。

开放式协调治理方式能够充分考虑利益相关方的意见，提高了各相关主体的参与积极性，还能使各成员国和地区在充分考虑本区域特点的情况下制定适合本区域的改革方案，有利于提高欧盟方针的可行性。定期的监督评价有利于在成员国间形成良好的竞争与合作氛围，有利于成功经验的推广。欧洲研究区本就是要在保持成员国和地区创新专业化和灵活化的基础上实现欧洲泛区域创新系统的构建和发展，因此开放式协调机制是适合欧洲研究区的治理模式，能够使成员国和地区在保持区域特色的前提下实现欧洲研究区的发展，能增强成员国及地区在制定和执行欧洲研究区相关政策及改革方案上的协调性和一致性。在欧洲研究区治理中采用开放式协调模式能够更好地协调欧盟、成员国及地区之间的关系，使得相关政策的制定和执行更有效率。

但即便是开放式协调的治理模式，也只有在成员国及区域有效的配合下才能在欧洲研究区治理中起到良好效果。由于欧洲研究区相关政策涉及多层次主体的利益，而各成员国和地区的创新系统发展水平、创新行为方式和创新能力具有很大差异性，各国和地区的现有研究与创新政策以及对欧洲研究区的理解和接受程度也有很大不同，同时由于创新资源的有限性，有些成员国将其他成员国更多地是当作创新的竞争对手而非合作伙伴。因此，除了开放式协调治理模式，还需要在欧洲研究区各主体间建立伙伴关系。

二、发展伙伴关系治理

重视参与欧洲研究区建设的各类主体的意见，在各主体间发展伙伴关系共同治理是欧洲研究区治理的又一特点。2012 年 7 月 17 日，欧盟委员会明确了在欧洲研究区的行为主体间发展伙伴关系的重要性。"伙伴关系"汇聚欧盟、成员国和地区层面的所有相关行为主体，目的是加强研发和创新方面的合作，以更快、更有效地达到目标。为确保"伙伴关系"，欧盟将关注点放在共同面临的社会挑战上，各伙伴之间进行政治承诺，对具有明确的欧盟附加值的项目采取共同行动，合理、明确地进行任务分配，让各方制定各自的工作任务及实施方案，由欧盟提供财政支持。欧洲研究区作为泛区域创新系统，其制度协调涉及纵向和横向两个层次，相应的伙伴关系治理也分纵向和横向两个层次。纵向层次包括欧盟和各成员国（包括联系国）之间的联系，横向层次包括研究与创新相关机构之间的伙伴关系。欧洲研究区治理的"伙伴关系"将欧盟、成员国和地区层次的所有相关行为主体团结起来，"伙伴关系"能够更高效、简化地协调现有机制，也有利于新行动的顺利展开。加强"伙伴关系"实际体现了欧洲研究区的一种利益相关者共同的治理理念，这种理念在欧盟中小企业公司治理中早有传统，将利益相关者共同治理运用于欧洲研究区的治理有利于团结各方力量，消除障碍，能有效推进欧洲研究区的建设进程。欧盟委员会承诺会在职责范围内对成员国和利益相关组织采取的与欧洲研究区相关的行动给予支持，会在利益相关者组织和市民社团组织战略对话和讨论的基础上全面发展欧洲研究区的政策。

欧盟委员会在与成员国和利益相关组织的伙伴关系基础上，逐步对欧洲研究区的相关政策进行发展和完善，已经建立了欧洲研究区的监督机制（ERA Monitoring Mechanism，EMM），欧洲研究区监督机制的不断完善使得欧洲研究区的政策执行更有效。上述成就可以证明欧洲研究区伙伴关系的治理模式到目前为止是成功的，欧盟认为完成欧洲研究区的条件已经具备，但由于成员国和研究创新相关主体对欧洲研究区建设的支持和参与力度不同，欧洲研究区的完成还需要一个过程，欧洲研究区伙伴关系中的各主体进一步的共同努力是加速完成欧洲研究区建设的关键。

在泛区域创新系统发展过程中，不可能产生集权制的超国家机构，因此开放式协调机制与发展"伙伴关系"是实现欧洲研究区建设目标的有效治理模式。

第四节　欧盟建设欧洲研究区的工具

欧洲研究区要加强欧盟范围内的研究与创新相关机构之间的有效联系与合作，而且要进一步将联系与合作稳定化和常态化，这就需要处理好欧洲研究区内各类主体之间的关系，包括欧盟、成员国及地区的关系、各类创新相关主体之间的关系（其中还包括公共机构与私营机构之间的关系）。欧盟通过一系列工具激励创新，加强各主体之间的合作，加强科研人员的培养，促进知识和人才的流动。这些工具互相补充，在激励创新、促进欧盟各国的科研与创新合作、推动欧盟创新系统的形成和发展方面起到了重要作用。目前，欧盟在推动欧洲研究区建设中使用的工具主要有以下几类。

一、资金工具

（一）研究与技术开发框架计划

研究与技术开发框架计划（Framework Programmes for Research and Technological Development），简称"框架计划"（FP），是欧盟推进欧洲研究区建设的一个关键工具，为欧洲研究区的建设提供了大量的资金支持。20世纪80年代，科学技术领域明确成为一体化政策的一部分。为整合成员国的科技力量，提高欧洲整体的科研和创新水平，欧盟制定了"框架计划"，至今为止已经执行了三十年，其在整体规划、发展策略、措施方案、监督机制、资助领域、预算额度、资助方式、人才培养等各个方面都不断地调整和完善。从1984年的第一研发框架计划（FP1）开始到于2013年截止的第七研发框架计划（FP7），再到2011年11月新推出的研发创新框架计划"地平线2020"（Horizon 2020）、"研发框架计划"，共计经历八个阶段。第一框架计划到第六框架计划各执行五年，第七框架计划和"地平线2020"各执行七年。"框架计划"作为一个欧盟的研究资金资助计划，其预算不断增加，如表3-1。"框架计划"对于促进欧洲各国科技合作及欧洲研究网络的初步形成具有重要意义。

表3-1 　　　　　　　　　　历届欧盟研发框架计划经费表

名称	年度（年）	总经费（十亿欧元）
欧盟第一框架计划	1984—1990	3.27
欧盟第二框架计划	1987—1995	5.36
欧盟第三框架计划	1991—1995	6.55
欧盟第四框架计划	1995—1998	13.12
欧盟第五框架计划	1999—2002	14.87
欧盟第六框架计划	2003—2006	19.26
欧盟第七框架计划	2007—2013	55.81
地平线2020	2014—2020	77

数据来源：中国-欧盟科技合作促进办公室。

"框架计划"在欧盟委员会与利益相关团体之间密切互动、与成员国和欧洲议会谈判的基础上明确规定了目标和主题以及细节。从第五个框架计划开始，凸现了欧盟对创新的重视。第六个框架计划（2002—2006 年）在决议中明确提出第六框架计划将致力于欧洲研究区的建设。为了更有效地达到这个目标，以及为了促成欧洲研究区的建立和创新，第六框架计划围绕集中和集成共同体的研究、构建欧洲研究区、加强欧洲研究区的基础三个主题，旨在把研究工作和活动在欧洲层次上综合起来，并且致力于构建各种层面的欧洲研究网络，并保证在这些主题下协调地开展活动。第六框架计划在资助成员国科研项目、促进欧洲卓越研究中心网络化发展、推动成员国之间开展双边和多边科研行动方面做出了很大贡献。在与欧洲研究区建设相关的方面，第七框架计划支持欧洲高校、企业、研究中心和公共管理者之间的合作，进一步使非欧洲行为者加入合作。注重公平竞争，对项目申请采取独立的同行评议制度。资助前沿领域的研究以提高创造性和卓越性。通过支持研究者的培训、流动和职业生涯来提升欧洲研究领域的人力资源潜力，提高欧洲的研究和创新能力。2013 年 9 月 18 日，欧盟委员会发布"地平线 2020"（2014—2020 年）的总目标和任务。欧盟委员会没有沿用框架计划的名称，是为了体现"地平线 2020"在继承框架计划优势的基础之上做出了重大变革，以更加适应社会发展的需要。"地平线 2020"重新设计了整体研发框架，简化并调整了资助板块，简化了项目申请流程。其主要投资有三大方向：一是强化欧盟科学的卓越性与创造性。二是强化欧盟工业在世界上的领先水平与竞争力。三是积极应对社会挑战，促进经济增长并增加就业。欧洲研究区建设、加强对外开放与开展国际科技合作，将纵横贯穿三大方向的始终。

欧洲研究区是在"框架计划"奠定的欧洲各国科技合作基础上开展的，同时，"框架计划"也是欧洲研究区建设的重要资金来源之一。"框架计划"除为欧洲研究区的建设提供资金支持外，在其资助下成立的很多机构如欧洲研究理事会（ERC）、欧洲创新与技术学院（EIT），框架计划资助的行动计划如欧洲研究区网络计划（ERA‐NET）、联合技术行动（JTI）、创新伙伴计划（PPP）、玛丽·斯克沃多夫斯卡·居里行动等还成为推动欧洲研究区各行为主体间加强协调合作的重要工具。因此，"框架计划"在欧洲研究区治理中是一个既提供资金资助，又搭建合作平台的重要工具。

（二）欧洲研究理事会

欧洲研究理事会（European Research Council，ERC）是一个泛欧的科研基金机构，完全以"同行评议"为基金评审标准。它的启动遇到了很多的阻力，重要阻力之一就是成员国担心在"同行评议"（peer review）的基础上，本国的研究机构不能够成功申请到资助，从而本国在欧洲研究理事会中的投入份额不能得到回报。经过多年的博弈，最终欧盟成员国放下个体利益，各国选择相互信任和支持，使欧洲研究理事会于2007年2月27日正式启动，推进了欧盟统一的研究和创新市场的建设。欧洲研究理事会在最初7年里获得了75亿欧元的资金支持。

欧洲研究理事对批准项目提供50万至200万欧元的资金，以支持项目至少运行5年。欧洲研究理事会项目采用网上申请的招标形式，申请不限领域。项目申请人根据招标要求提交项目简介，获批准后再填写正式申请书。项目评议采用同行评议，从申请人的科研能力和潜力、项目的质量、研究环境与条件等方面对项目进行评估。欧洲研究理事会的主要目的是确保欧洲的卓越研究，鼓励研究人员在各领域自由地开展前沿研究，其原则是追求卓越、鼓励创新，使灵活性与原则性相结合，尽可能地采用简单的程序对项目进行资助。无论国籍，只要研究人员所从事的研究挂靠欧洲的研究机构就可以申请资助。起初，欧洲研究理事会主要资助这两类项目：一类是刚刚建立第一个研究团队或拿到第一个项目的优秀科研人员开展独立研究的"ERC独立研究人员启动基金"项目；另一类是由顶级科研人员主持开展创新性科研工作的"ERC高级研究人员基金"项目。后来又增加了规模较小的"ERC概念验证"和"ERC协同计划"项目。

欧洲研究理事会推动了欧洲范围内前沿科研领域的有益竞争，能够给欧盟的研究人员带来更多研究机会、更多良性竞争、更多资助和更好的科研基础设施，有助于改进同行评议体系。因此，欧洲研究理事会对于推动欧洲整体研究能力的提升有重要意义，为欧洲研究区的建设提供了良好的发展基础。

（三）欧盟结构基金

随着欧盟的不断扩大，尤其是东扩以来，欧盟地区间的经济发展水平和创新能力有很大差距，为了缩小欧盟地区之间经济发展水平的差异，更好地促进欧盟经济一体化，欧盟设立了区域政策工具，即结构基金（Structural Fund），其主要任务是促进落后地区和衰退地区的经济发展与产业结构调整。结构基金属于欧盟财政专项支出，要由欧盟理事会和欧洲议会批准。结构基金由四部分构成，其中欧洲社会基金和欧洲区域发展基金在提升落后地区科研和创新能力方面发挥了很大作用。欧洲社会基金主要提供职业培训和就业帮助，欧洲区域发展基金支持落后地区中小企业的发展。

欧洲研究区的有效性建立在系统内各成员国和地区创新能力趋同的基础上，而历时几年的欧洲主权债务危机对创新能力较弱的地区产生的冲击更大，使得欧洲各地区的创新能力差距有进一步扩大的趋势。要想最终建成欧洲研究区，实现研究区内各国创新系统的有效协调与合作就必须要避免各地区创新能力之间形成"创新鸿沟"。欧盟目前实施了一系列鼓励研发的地区政策，希望能通过提高地区的研发与创新能力来促进地区的全面发展，支持欧洲研究区的建设。

作为欧盟区域政策的重要支柱之一，结构基金在促进落后地区发展、消除地区发展不平衡方面发挥了积极的作用。在近些年，欧盟地区政策的各项工具越来越围绕加速欠发达地区由传统经济向知识经济转变和提高地区创新能力上。结构基金致力于未来在支持地区创新方面起到更积极的作用，基于地区灵活专业化战略（Smart Specialization Strategy）确定资金投向，推动有专业化相对优势的地区提高创新能力。结构基金可以投入于教育、科研、培训、研究基础设施建设、创新项目、以驱动创新为目标的政府公共采购等。结构基金将在避免最强创新能力地区与较弱创新能力地区差距不断扩大方面起到关键作用。欧盟建议成员国应将现有结构基金用于研发与创新项目的份额增加，实施灵活专业化项目和跨国合作项目，所投入的支持研发和创新的资金主要用于研究项目、研究和创新基础设施建设、企业界和科研界之间的创新和技术转让、培训研究人员。结构基金通过促进欠发达地区创新能力的提高减小欧盟各成员国之间的创新差距，通过加强企业界和公共研究机构之间的合作以及加强跨区域研究与创新合作从而为欧洲研究区的建设提供支持。

（四）欧盟竞争与创新框架计划

"欧盟竞争与创新框架计划"（简称 CIP）于 2006 年年底被欧盟理事会和欧洲议会批准，其目标是提高欧盟的工业竞争力，注重帮助欧盟的中小企业加强创新能力，鼓励更好地运用信息技术并发展信息化社会，提倡增加新能源的使用并提高能源使用效率。总预算为 36.21 亿欧元，由三个专项计划组成，分别是：企业与创新专项计划（EIP）21.66 亿，信息通信技术支撑专项计划（ICT-PSP）7.28 亿欧元和欧洲智能能源专项计划（IEE）7.27 亿欧元。这三个计划有各自的管理结构，各自制定目标以利于在各自领域内提高企业创新能力和竞争力。其中企业与创新计划由"欧盟竞争与创新框架计划"委员会负责实施，通过风险投资和贷款保障向中小企业提供资金以激励创新，包括创新文化的培育、与其他企业的创新合作、生态创新等。信息通信技术支撑专项计划由信息通信技术管理委员会负责实施，目标是发展欧洲信息空间，增加对信息通信技术的投资以鼓励技术创新。欧洲智能能源专项计划由竞争创新执行署（Executive Agency for Competitiveness and Innovation）负责管理，主要任务是加强能源的有效合理使用。企业是欧洲研究区的重要行为主体，竞争与创新框架计划的三个专项计划通过提高企业创新能力对欧洲研究区的建设提供支持。

（五）风险分担金融工具

为了吸引私有资本投资研究开发和创新活动，提高全社会的研发投入强度，欧盟委员会在"第七框架计划"中创新了财政资金的使用方式，将无偿资助方式改为了风险补偿方式，拨出专项资金作为贷款风险补偿金，和欧洲投资银行（European Investment Bank，EIB）合作建立风险分担机制，联合设立风险准备金，开发了一个风险分担金融工具（Risk-Sharing Finance Facility，RSFF），用以降低金融机构支持研究开发与创新活动的融资风险。目的是提高银行向较低资信级别的研发和创新项目提供贷款或担保支持的能力，使欧洲投资银行为那些具有较高风险的研发与创新项目提供贷款融资成为可能。融资对象包括：科研基础设施的所有者和经营者、参与技术开发和设施建设的供应商及致力于将科研基础设施商业化服务的机构。欧洲投资银行的 RSFF 贷款所支持企业的信用等级范围远远低于欧洲投资银行普通贷款对客户的资信要求。如果没有欧盟和欧洲投资银行推出的 RSFF 贷款，这些企业是不可能获得银行贷款支持的，尤其是那些大量未上市和未评级的小型或者中型企业，这些类型企业的信用等级较低，承担的研发与创新项目的风险较大。因此，RSFF 使得那些风险较大、资信较低的研发与创新项目可以获得银行贷款的支持。

RSFF 积极发挥欧盟预算资金的杠杆作用，促进公共机构和私人机构在研究和创新方面获得融资，吸引更多的社会资金用于研究开发和创新，从而增加欧盟的研发和创新投入。2007—2013 年，风险分担金融工具对科研基础设施投入了 2 000 万欧元，欧洲投资银行相应提供了 20 亿欧元的贷款[①]。RSFF 在欧洲研究区建设中通过发挥其资金杠杆作用，对欧洲研究区建设提供了资金支持。

二、平台工具

欧洲研究区的治理要处理好横向关系的协调及纵向关系的协调，其中有几类关系最重要，分别是欧盟及成员国之间的关系、成员国之间的关系、创新相关机构的关系，创新相关机构中又需要协调公共部门和私营部门之间的关系。这些关系是交织在一起的，比如创新相关机构之间的关系又可能涉及成员国之间的关系。欧洲研究区建设过程中各主体针对错综复杂的关系网络设计了一系

---

① 段小华，刘峰. 欧洲科研基础设施的开放共享：背景、模式及其启示 [J]. 全球科技经济瞭望. 2014 (1)：68.

列治理工具来协调各种关系。

（一）加强欧盟及成员国之间的协调

1. 欧洲研究区网络计划

2003 年在科技研究委员会（CREST）的会议上提出了"欧洲研究区网络计划"（ERA-NET），旨在协调成员国及地区的研究活动，促进国家研究项目的开放。其协调行动于 2004 年早期开始开展，它为成员国研究项目之间形成网络化联系和成员国开展跨国合作提供支持，鼓励具有共同目标的国家研究项目建立长期、紧密的联系。其短期目标是为区域、成员国和欧盟之间交流各自在研究项目中积累的好的实践经验和观点提供便利。长期目标是期望引导各成员国之间的研究项目开展更具持续性的合作，包括：共同制定战略规划和进行共同研究项目的设计；成员国对其他成员国研究者开放国家研究项目；成员国之间开展互惠合作；开展由多国共同资助的跨国研究项目。"欧洲研究区网络计划"覆盖科学技术的任何领域，采取自下而上的执行方式，不对任何科研领域设置优先权。

"欧洲研究区网络计划"下的研究项目具有的特征为：有战略规划；在国家或区域层面执行；由国家或区域的公共机构或与之密切相关或被其授权的机构资助和管理。欧洲研究区网络计划一般通过四个步骤执行：

第一，对现有项目交换信息并交流有益经验。加强各国与各地区之间的交流，加强相近科技领域的项目管理者之间的交流与信任。

第二，进行共同战略问题的识别与分析。对未来有可能发展成跨国项目的研究活动进行识别和分析；对研究网络化行为的实践和相互开放机制进行分析；研究跨国合作的障碍；识别研究的新机会和有待弥补的研究空白点；探索共同评价系统的构建；识别共同利益的范围；确认相互的互补性。

第三，发起国家或地区项目的联合行动。例如：探索国家级或区域级资助项目的合作机制；建立多国评价机制；开发联合培训项目；尝试制订互相开放设施和实验室的方案；探索人员交流方案；尝试制定具体的合作协议和安排；制订行动方案等。

第四，联合跨国研究活动的实施。例如：建立一个共同的战略、联合工作的方案、试点活动、共同的（相互开放的）或联合的行动倡议、共同的多国评价体系、共同的成果或经验的传播方案等。"欧洲研究区网络计划"为网络化行动提供资金支持但不对研究项目本身进行资助。最终这些协调行动将使有关国家的科学和工业研究团体在它们各自国家项目的资助下开展跨国研究项目或行动。

"欧洲研究区网络计划"的推进是一个循序渐进的过程，它最初是"第六框架计划"的一个组成部分，目标是在成员国和联系国开展的国家级或地区级的研究活动之间建立联系与合作。通过共同行动方案来支持国家或地区开展的研究行为的网络化，同时支持国家和地区研究项目的相互开放。"欧洲研究区网络计划"通过促进欧洲范围内研究项目的一致性和协调性能够推动欧洲研究区的实现。在"第六框架计划"下，"欧洲研究区网络计划"在减少欧洲研究区的研究分散性方面取得了一定进步，超过 1 000 个项目所有者和项目管理者参与了 71 项"欧洲研究区网络计划"行动，涉及几百个国家研究项目。"欧洲研究区网络计划"在"第七框架计划"下主要是通过 ERA-NET 行动和 ERA-NET+两个特别行动来加强国家和地区研究项目的协调。ERA-NET 行动为参与者执行公共研究项目提供一个共同的框架以协调他们的行为。ERA-NET+针对具有高欧洲附加价值的有限数量的课题，对国家和地区间的联合投标提供额外的资助。"地平线 2020"下，ERA-NET 定位为加强公共机构之间建立伙伴关系的工具，将 ERA-NET 和 ERA-NET+合并为一个工具，焦点从资助研究和创新活动的网络化转为对具有高欧洲附加值并属于"地平线 2020"确定的研究领域的多国研究和创新统一联合行动进行补充资助。

　　欧洲研究区建设中，协调成员国及其地区间的研究活动是一个重要的发展层面，"欧洲研究区网络行动计划"在推动成员国研究与创新项目合作、加强成员国之间研究网络的形成方面起到积极的作用，是推动欧洲研究区建设的重要工具。

　　2. 联合项目行动

　　欧洲国家从事的很多研究项目都是世界最前沿的，研究力量也是世界一流的。但是在应对诸如气候变化、能源危机等重大社会挑战时，成员国凭一国之力无法解决问题。在欧洲，大量的研究项目在成员国独立开展，既造成不必要的资源浪费又影响研究效率。欧盟委员会希望能找到一种新途径使成员国之间加强合作，更好利用欧洲有限的公共研发资金。2007 年 4 月，欧盟委员会发布《欧洲研究区：一种新视角》的绿皮书后广泛进行公共咨询并由专家组认真研究，希望能通过开展联合项目使目前的欧洲研究合作现状得到改进，在明确的原则和透明的高水平治理下，在自愿的基础上，在成员国之间建立有活力的合作伙伴关系。在此基础上，欧盟委员会 2008 年 6 月在题为《研究中的联合项目：团结合作以更有效应对共同挑战》的通讯中提出相关政策建议，部长理事会于 2008 年 11 月采纳了其建议并同意启动"联合项目行动"（Joint Programming Initiatives，JPI）。2010 年 3 月，欧盟委员会启动了"欧洲 2020 战略"行动，作为其中创新联盟旗舰计划的一部分内容，欧盟委员会希望"联合项目行动"能够在研究领域至少发挥像"框架计划"一样的重要作用，发展成员国和地区的联合项目，促进欧洲研究区建设的完成。

"联合项目行动"在吸纳欧盟国家以往合作项目经验的基础上设立，采用"自下而上"的决策方法，需要成员国的高度承诺。联合项目的研究领域由"联合项目高级组"确定，高级组的成员由成员国和欧盟委员会在征询利益相关者建议的基础上提名。在高级组意见的基础上，欧盟委员会提出建议，再由欧盟理事会推荐部分建议优先执行联合项目的领域。成员国选择要参与的项目，各成员国自由组合开展行动。对每一个"联合项目行动"计划，参与的国家要进行以下步骤：第一，设立参与国的共同目标。第二，确定战略研究日程（Strategic Research Agenda，SRA），设立专门的可测量的、可行的、相关性高的、具有实效性的目标，简称SMART（Specific，Measurable，Achievable，Relevant and Time-Bound）目标。第三，分析可选择的方案，评估可预测到的影响，确定可使用的最佳工具。

欧盟委员会为联合项目的开展提供便利，如果需要可以通过某些方式对成员国进行支持：第一，对其管理活动进行资金支持；第二，对每一个联合项目的战略研究议程确定的参与国所执行的行动采取可能的补充措施；第三，由欧盟委员会作为欧盟的代表为联合项目行动与一些国际行动和国际机构建立联系；第四，将联合行动计划的进展报告给欧盟理事会并通知欧洲议会。

目前，欧盟国家已经在气候变化、健康、商品安全等相关领域开展了十余个联合项目行动。联合项目行动通过加强成员国之间在研究与创新项目上的合作增进了成员国之间的联系，为欧洲研究区的顺利建设打下良好基础。

3. 灵活专业化平台

欧盟委员会在2012年建立了"灵活专业化平台"（Smart Specialisation Platform，S3 Platform）以支持欧盟国家和地区打造并发展它们的灵活专业化战略。这个平台通过"自下而上"的方式为成员国及地区相互学习，分享设施、技术和实践经验提供了便利。截至2014年6月，已经有超过150个欧盟地区和15个欧盟国家在平台上登记，而且绝大多数已经至少参加过一次相互学习和分享活动。这个平台已经开放了自己的同行评审方法，允许大约60个欧盟地区和国家提交它们灵活、专业化的战略给其伙伴和专家，等收到反馈后再决定采取进一步的合适行动。这是目前欧盟委员会在区域研究和创新战略方面最全面的支持相互学习的工具，而且被证明已经得到利益相关者的高度认可。

成员国之间是有差异的，欧洲研究区是在成员国灵活专业化创新战略的基础上协调成员国的研究与创新系统，从而打造欧盟的泛区域创新系统。"灵活专业化平台"是促进欧洲研究区建设中各成员国研究与创新系统协调发展的有效工具。

4. 185 条款行动

《欧洲联盟运行条约》中的 185 条款允许欧盟参加由若干成员国共同开展的研究项目，包括参与项目执行框架的制定。依据此，"185 条款行动"（Art. 185 Initiatives）于 2008 年 6 月 23 日被欧盟理事会和欧洲议会正式批准。"185 条款行动"是将欧盟、成员国和地区的研究整合成一个共同的研究项目，将欧盟、成员国和地区的资源整合在一起投入研究项目中。如其中的"EMRP 计量学行动"吸纳了欧洲范围内在计量学领域 44% 的科研资源。"185 条款行动"的项目评定标准包括：与欧盟目标相符，目标明确并与框架计划目标相关，具备一定的先期研究基础，具有欧洲附加值，充分考虑项目的规模、数量及其所涉及科研活动的相似性，执行 185 条款是实现目标最合适的途径。在行动中，欧盟为联合项目和执行组织的建立提供资金支持。"第六框架计划下"确定了一个"185 条款行动"，为"欧洲和发展中国家临床试验合作"。"第七框架计划"确认了四个"185 条款行动"领域，分别是关于使用新信息技术以提高老年人生活质量的联合研究项目（AAL）、波罗的海研究领域的研究项目（Bonus）、计量学领域的研究项目（EMRP）、研究中小科技企业及其合作伙伴的联合研究项目（Eurostars）。"185 条款行动"下，欧盟资助的资金由"专门执行机构"（Dedicated Implementation Structure，DIS）负责管理，这个机构负责联合项目的管理、资金安排和合同管理。"185 条款行动"增强了欧盟与成员国在科研项目中的联系，提高了欧盟在成员国联合项目中的影响力。

（二）加强创新相关机构之间的协调

1. 欧洲创新与技术研究院

教育、科研和生产被誉为"知识三角"，科研产生新知识，教育传播知识，生产运用知识。创新的实现在于"知识三角"的有效配合，而欧盟一直存在创新力量分散、产学研结合松散的问题。为了有效整合"知识三角"，欧盟于 2008 年成立了欧洲创新与技术研究院（European Institute of Innovation and Technology，EIT），开创了管理新模式，将教学、研究与创新融为一体，整合欧盟各国高等院校、创新企业和科研机构的创新力量，开展公私合作，培养同时具备创新和创业能力的创新人才，旨在促进从创意到产品、从研究到市场、从学生到企业家的联系，并且加快研究和创新成果的市场转化以适应快速发展的社会以及不断出现的挑战。欧洲创新与技术研究院是一个独立法人，由管理委员会和一批"知识与创新共同体"两个层面构成，管理委员会是最高管理和决策机构，委员是来自欧盟各成员国企业界、科研界和高等教育界的知名专家，委员会负责战略制定、评估以及预算管理等。"知识与创新共同体"（Knowledge and innovation communities，KICs）也是法人组织，由大学、研究部门的优秀团队和企业界的利益相关者共同组成，是由创新相关主体组成的伙伴合作组织，以公私伙伴合作机制为基础，实现了研究机构、企业与高等院校的有效合作。欧洲创新与技术研究院规定"知识与创新共同体"要包括三个以上的伙伴机构且必须属于三个不同成员国，其中必须包含至少一个高等教育机构、一个研究机构和一家私营企业。欧洲创新与技术研究院的资金来源为欧盟及成员国的官方投资和产业界投资，也注重吸引和鼓励私人资本投入技术研究领域。欧洲创新与技术研究院是推进创新主体之间跨国、跨部门合作的有益探索。通过建立并完善高等院校、研究机构和企业的合作机制对欧洲研究区的建设起到积极的推动作用。

2. 欧洲技术平台

2003 年 3 月，欧洲理事会号召建立"欧洲技术平台"，将产业界、政府和金融机构、研究机构联系在一起制定前沿科技的战略发展议程。随后，欧洲技术平台（European Technology Platforms，ETP）正式成立，为公共研究机构、企业、基金机构、用户、监管机构和政策制定者等公私部门开展有效的合作提供了平台，联合成员国和地区政府、企业、研究机构和投资机构等相关各方共同确定有重大经济和社会意义的战略研究议程。"欧洲技术平台"遵循"自下而上"的原则，它由企业牵头，充分重视产业界的意见，联合各创新相关主体研究并提出能促进欧盟经济增长、提升竞争力，实现可持续发展的中长期重大战略科技规划。"欧洲技术平台"的建设一般包括三个阶段：第一，企业联合各相关机构，对重大战略性技术发展的远景达成共识；第二，相关各方在技术发展远景的指导下制订战略研究计划（Strategic Research Agenda，简称SRA），提出中长期发展目标；第三，各方调动人力和资金资源执行战略研究计划。技术平台的主要目的是影响欧盟、成员国及地区的研究政策，鼓励政府和私人部门对关键技术领域的研发和创新进行投资，有利于协调欧盟、成员国、地区、企业、研究机构各方的行动。一方面能够使欧盟及成员国的研究计划更符合产业发展的需求，另一方面能够吸引更多的社会资源投入科研中。目前，一共有 38 个"欧洲技术平台"，涉及生物经济、能源、环境、信息通信技术、生产流程、交通运输等领域。

3. 欧洲联合技术行动

欧盟一直存在产业界和研究机构联系不密切的问题，一方面，产业界的研发能力不足，在技术方面显得滞后；另一方面，研究机构没有对有市场潜力的项目进行研究，其研究成果不能满足产业界的需求。欧盟要想真正转变为需求刺激的创新政策，实现研发投入占 GDP 的 3% 且其中 2/3 来自于私人投资的目标，必须加强产业界和研究机构之间的联系。欧盟在"第七框架计划"中推出了"联合技术行动"（Joint Technology Initiatives，JTI），首次在重大科技专项中引入私人资金，在一些涉及欧盟长远发展的战略领域，由公共资金和私人资金共同完成重大的科学技术项目。这一举措有利于加强产业界和研究机构之间的联系。"联合技术行动"的成立来自于欧盟倡导的"欧洲技术平台（ETP）"。由于"欧洲技术平台"中各相关主体的关联度不够紧密，不利于战略研究计划的实施，因此欧盟在其中精选一些议题由公私合伙的形式来实施，"联合技术行动"使企业、政府和研究机构的合作更紧密。

4. 欧洲创新伙伴行动计划

根据"欧洲 2020 战略"的七大旗舰计划之一的"创新型联盟"确定的任务目标，欧盟委员会于 2012 年 2 月 29 日通过决定，推出"欧洲创新伙伴行动"计划（European Innovation Partnership，EIPs），主要针对社会面临的共同挑战，加强创新公私伙伴关系，统筹公共和私人创新资源，关注整个创新链条，促进各相关行业的协同发展，共同应对经济社会挑战，促进经济增长和扩大就业。

"欧洲创新伙伴行动"主要选择影响社会发展的关键领域，目前有五大创新伙伴行动，包括原材料创新伙伴行动、农业可持续发展及生产率创新伙伴行动、积极健康的老龄化创新伙伴行动、智慧城市和社区创新伙伴行动、水资源创新伙伴行动。这些领域牵涉面广、触及行业众多，需要统筹公共和私人的创新资源，增加投入，加强创新公私伙伴关系，"产学研用"相结合。"欧洲创新伙伴行动"致力于平衡相关参与方的利益权责，清除创新链条上的缺陷，及时调整并完善政策和标准，加速研发创新成果的商业化。

"欧洲创新伙伴行动"的管理方式是以欧盟委会负责该领域的委员为领导，各成员国（部长级）、欧洲议会、企业界、科技界和相关机构代表组成的领导小组。由领导小组及其下设的专家委员会研究和确定需要采取的行动计划及具体措施，包括：第一，新型技术的研发创新；第二，知识成果的转移及转化；第三，扩大创新技术及产品的市场需求；第四，调动公私伙伴研发创新的积极性。"欧洲创新伙伴行动"并不是对现行政策框架或研发创新计划的替代，而主要是为公共和私营伙伴提供加强研发创新合作的机制。2013年，欧盟委员会成立了独立的专家组来评估"欧洲创新伙伴行动"的进展和运行情况，以全球化的视角评价其理念和方法，总结经验教训，确定未来的发展方向。

由于存在信息不对称等造成市场失灵的因素，再加上创新具有高度的不确定性，很难预测市场前景，创新链条上的相关行为主体共同合作有利于弥补市场失灵缺陷，提高创新能力。研究表明，合作研究和开发比不合作的研发更具创新性，对于复杂性高的跨学科领域更是如此。因此，以上这些工具对欧洲研究区的发展具有积极的意义，有利于加强创新主体之间的合作从而提高欧洲研究区的整体创新能力。

三、促进科研人员流动的工具

促进研究人员在欧洲研究区内跨国、跨部门自由流动是欧洲研究区优先发展的领域之一，研究人员的自由流动有利于促进知识的自由流动，也有利于提高研究人员的科研和创新水平，有利于加强创新主体之间的交流与合作。

（一）玛丽·斯克沃多夫斯卡·居里行动

促进研究人员跨国流动是"框架计划"的一个主要目标，"第一框架计划"已经发起了"玛丽·居里行动"（Marie Curie Actions），向研究人员提供个人资金，资助他们到另一个欧洲国家从事研究工作。从2014年1月起，为了更好地纪念伟大的科学家居里夫人，"玛丽·居里行动"改名为"玛丽·斯克沃多夫斯卡·居里行动"（Marie Skłodowska-Curie Actions，简称MSCA）。这项行动在不同的"框架计划"下，行动内容有所不同，但基本行动目标是一致的，致力于推动科研人才的流动，吸引更多有良好教育和培训背景的科研人员和学者到欧洲进行研究交流以推动欧洲研发和创新活动。该计划不预定主题和优先发展领域，积极推动私营部门参与，注重国际合作，重视性别均衡。这项计划在"地平线2020"计划期间的总预算为61.62亿欧元，支持基于提高创新技能的培训和研究职业生涯的规划。该计划资助追求卓越研究的研究人员进行世界范围的流动和跨部门流动，不限定研究领域。MSCA鼓励人才的跨国、跨部门、跨学科流动，有针对各个研究生涯阶段的资助项目，从博士毕业生到有丰富经验的研究者都可以根据要求申请资助。MSCA将成为欧盟最主要的博士生培训项目。除了加强国家间研究人员的流动性外，MSCA还试图清除现实存在的及未来可预见的阻碍学术界和其他部门特别是企业界研究人员流动的障碍。

MSCA 主要包括四类内容：

研究网络（Research networks）：在不同国家的高校、研究中心和企业间建立创新培训网络以培养新生代研究者。

个人奖学金（Individual fellowships，IF）：支持有经验的研究人员跨国流动以及在学术界之外工作。

研究和创新人员的交流（Research and Innovation Staff Exchanges，RISE）支持国际合作和部门间合作。

共同资助（Co-funding）：为地区级、国家级和国际级的研究者培训和跨国流动项目提供资金。

MSCA 还资助"欧洲研究者之夜"（European Researchers´ Night）的活动，这是一个欧洲范围的公共活动，目的是推广快乐科学和乐趣学习理念，使普通公众更了解研究工作，于每年 9 月的最后一个周五举行，30 多个国家的 300 多个城市参加这个活动。活动主要通过互动和广泛参与的方式展示研究者对社会和日常生活的影响，使年轻人及其父母对研究工作更感兴趣。

MSCA 发起以来，成千上万的研究人员参与，他们跨越国界和部门开展合作研究，在学术界、工业部门和公共研究机构之间，形成了大量的合作联系，有效推动了研究人员的自由流动。在多年的发展中，MSCA 由人员交流项目逐渐发展成促进研究人员流动、加强研究人员培训、改善研究职业条件的重要工具。"玛丽·斯克沃多夫斯卡·居里行动"虽然不是为建设欧洲研究区而创立的工具，但它多年来一直致力于促进研究人才的交流，并随时代发展不断丰富其内容，通过促进人员流动、改善欧洲研究环境、培养研究人才为欧洲研究区的建设做出积极贡献。

（二）欧洲研究区席位行动

"欧洲研究区席位"行动（ERA Chairs）是欧盟为填补地区研究和创新"鸿沟"的又一举措，目的是帮助较落后的成员国、联系国和地区提高研究的卓越性。优秀的研究者能对研究机构的工作成效和文化氛围产生决定性影响，但是有些发展水平较低的机构尤其是较落后成员国和地区的研究机构由于缺乏研究资金、体制僵化以及研究资源有限等缺陷造成不能吸引优秀的研究者加入。"欧洲研究区席位"行动将为高质量的研究人员和研究管理者创造合适的条件和机会到有意愿和潜力提升其研究卓越性并改进其研究和创新前景的研究机构中参与研究。"欧洲研究区席位"试点的倡议于 2012 年 12 月 18 日发起，进一步普及"欧洲研究区席位"的行动倡议于 2013 年 12 月 11 日在"地平线2020"计划下发布，这一行动将得到 33 亿 6 千万欧元的经费。如果高校或研究机构的发展计划与欧洲研究区的优先发展领域相符，遵守《欧洲科研人员宪章》和《招募科研人员行为准则》，能很好利用已有的研究资源，目前参与框架计划的水平较低，但被证明有开展卓越研究的潜力和具体的发展计划，可以递交申请，如果被选中，欧盟委员会就选派优秀的研究者——"欧洲研究区席位"的持有者和他/她的研究团队前往。"欧洲研究区席位"的持有者必须采取措施使机构将来可以在专业的领域提高研究水平以能够广泛参与国际竞争并取得成功①。这一行动将优秀的研究者带入欠发达地区有发展潜力的大学和其他类型研究机构中，有利于解决欧洲研究区建设中面临的各区域创新能力发展不平衡问题。

四、监督工具

在欧洲研究区的建设中，监督机制是必不可少的。为了欧洲研究区能顺利建成，实现预定的发展目标，欧盟委员会在其监督机制上不断探索和完善。在2012年，欧盟委员会提出要建立欧洲研究区自动监督机制，监督欧洲研究区改革和执行情况，并将情况及时反映给欧盟理事会、欧洲议会和科学界，将他们的反馈意见作为未来做决策的客观依据。监督机制的数据来源于官方统计数据及通过广泛开展的调查研究所获取的资料。

（一）创新联盟记分牌

欧洲研究区的评价报告中采用了很多"创新联盟记分牌"报告中的数据和结论。依据2000年提出的"里斯本战略"而建立的"欧洲创新记分牌"（European Innovation Scoreboard，简称EIS）是一个综合创新评价指标体系，对欧盟和各成员国的创新绩效进行评价，并且比较欧盟与世界上其他创新经济体的差距，对各成员国的创新政策和创新成果进行研究和评估，定期出版分析报告。后来，为确保创新政策的有效执行，欧盟对原有评估各国创新表现的"欧洲创新记分牌"进行了改造，改为"创新联盟记分牌"（Innovation Union Scoreboard，简称IUS）。2011年2月，欧盟委员会公布了第一个"创新联盟记分牌"的报告。"创新联盟记分牌"分三大类、八个维度、二十五个与研究和创新相关的指标。三类指标分别为创新驱动力、企业活力和产出；八个维度分别是人力资源、研究体系的开放性、卓越性和吸引力、金融支持、企业投资、企业联系与创业能力、智力资本、创新者、经济影响。评价范围涵盖欧盟所有成员国，外加塞尔维亚、土耳其、冰岛、马其顿共和国、挪威和瑞士，此外，

---

① 此计划针对的研究机构为非营利性质的，以开展科技研究为主要任务的机构。

还涉及澳大利亚、巴西、加拿大、中国、印度、日本、俄罗斯、南非和美国。

"创新联盟记分牌"将欧盟成员国分为创新领导者、创新追随者、中等创新国家和适度创新国家四类，分别为创新水平高于欧盟平均水平的、接近欧盟平均水平的、低于欧盟平均水平的和远低于欧盟平均水平的国家，通过归类有利于成员国清楚认知自己的创新水平，并可以比较欧盟内部各成员国的创新差距情况，帮助成员国了解其创新优势和弱点之所在，进而努力提高其创新绩效。通过这样的评价方式可以增进成员国之间的了解，推广欧盟中好的创新实践经验，并帮助成员国评定他们需要集中力量增强创新能力的领域，及时分析自己的不足，加强改革。同时，通过与世界上其他创新经济体的比较可以使欧盟和成员国了解欧盟在世界上的创新竞争力，进一步为欧盟各成员国团结一致共同建设欧洲研究区增加动力。

（二）欧洲学期

"欧洲学期"的实质是一种经济政策协调机制，旨在及早发现欧盟经济发展中存在的问题，尽量防患于未然。根据"欧洲学期"机制，欧盟成员国的预算方案和改革计划不能自行决定，要提交欧盟委员会审议。欧盟已经将成员国关于欧洲研究区建设的改革置于"欧洲学期"的监督之下。欧盟理事会要求，成员国要根据本国的特点制定其为实现欧洲研究区需要在国家层面采取的相关改革措施并将其内容体现在国民经济改革方案中，从 2013 年开始接受欧洲学期的监管。在欧洲研究区的建设中，成员国政府必须致力于发展 2012 年确定的欧洲研究区建设的五大优先领域，并将具体发展措施体现在本国国民经济改革方案中，并纳入欧洲学期的监管下。如果成员国在预算方面和经济改革方案中对五大优先领域没有具体的实质性安排，欧盟委员会将指出并提供发展意见。这项措施使得欧盟层面对欧洲研究区建设的政策引导作用加强，保证了欧洲研究区建设在成员国层面的开展。

（三）欧洲研究区发展报告和路线图

欧盟从 2013 年开始，每年发布《欧洲研究区发展报告》，至今已经发布了三版，分别是《欧洲研究区发展报告 2013》《欧洲研究区发展报告 2014》和《欧洲研究区发展报告 2016》。发展报告定期用大量的事实和数据评价欧洲研究区所确立的几大优先发展领域的建设情况，并对各主体分别提出进一步发展建议。从内容上看，每次的报告有所侧重，越来越细致。2013 年的报告主要评价了欧洲研究区几大优先发展领域的建设情况，2014 年的报告进一步对成员国和与研究相关的利益机构对欧洲研究区政策的执行情况进行了比较，2017年发布的《欧洲研究区发展报告 2016》更是首次对每个国家的每一个优先发展领域进行了评价。每一次发展报告的发布都是在广泛调查的基础上进行的，调查问卷设置的问题也是在广泛征询意见的基础上不断进行调整和完善，力求使指标能够尽量全面反映欧洲研究区的建设情况。在欧洲研究区建设过程中，通过发布《欧洲研究区发展报告》，定期对欧洲研究区的发展情况进行回顾和评价，能及时发现发展中遇到的问题，以便各主体在未来参与欧洲研究区建设时能及时调整方案。《欧洲研究区发展报告》可以看作欧盟对欧洲研究区建设的监督工具之一，对欧洲研究区建设的各参与主体进行评价，也是一种"点名机制"，使参与欧洲研究区建设的所有主体从报告中发现各自的差距和不足，及时制定各自的未来发展方案。

欧盟的性质决定欧盟的监督只能是"软监督"，无论是创新联盟记分牌、欧洲学期还是定期发布发展报告，其实质都是"点名机制"，即便成员国在欧洲研究区建设方面没有达到预期的进展，也难以有具体惩罚措施。

五、信息服务工具

当今时代是信息化快速发展的时代，在欧洲研究区的建设中，信息化工具必不可少。通过网络平台可以发布各类信息，提供即时服务和交流，通过信息系统可以促进信息的及时传播和共享。在欧洲研究区的建设过程中，信息服务工具将发挥越来越重要的作用。

（一）欧洲科研人员网络

公开招聘能够使科研机构选拔到最优秀的合适人才，也能够促进作为知识载体的研究者进行有效流动。"欧洲科研人员网络"（EURAXESS）是建设欧洲研究区过程中的一项创举，是欧盟委员会启动的促进科研人员在欧洲范围自由流动的一个网络服务工具。它为欧洲科研人员和希望到欧洲工作的非欧洲籍科研人员提供信息和服务，有利于科研人员在欧洲范围内实现自由流动并吸引非欧洲籍研究者到欧洲工作，有助于实现欧洲研究区中研究人员的供需平衡。EURAXESS 发展很快，目前参与 EURAXESS 计划的有 40 个欧洲国家。2010 年时，在 EURAXESS 有 7 500 个工作信息，到 2013 年就已经增加到 40 207 个职位信息。在科研人员的国际流动中，对要移入国家的移民政策、社会保障政策、科研人员待遇和工作条件等的信息缺乏是影响科研人员流动的重要因素，针对此问题，EURAXESS 不仅提供职位信息，还提供科研人员关注的其他相关信息及迁移服务，并在世界范围内建立了多个工作点进行服务，解决了有意愿到欧盟工作的科研人员的后顾之忧。

EURAXESS 致力于以下四个方面的工作：

就业（EURAXESS Jobs）：EURAXESS 免费提供全球范围内与科研相关的招聘信息、资助计划、合作伙伴信息等。科研人员可以免费登记简历，企业和研究机构可以免费发布招聘信息并获取科研人员的简历。用户也可以通过直接登陆 EURAXESS 的成员国的网页来获取每一个国家的招聘信息、资助计划和人力资源服务信息。这项服务既能促进科研人员的就业和工作流动，又有利于企业和研究机构在招聘中采用公开、透明和以能力为重的招聘原则，招聘到所需要的人才。

服务（EURAXESS Services）：EURAXESS 在四十个欧洲国家设有五百多个服务中心，为科研人员及其家人免费提供帮助，协助他们迁移或暂居到外国，主要业务范围包括签证申请、社会保障、住宿、幼儿园、学校、语言课程以及医疗保健等。

权利（EURAXESS Rights）：提供有关《欧洲科研人员宪章》《招募科研人员行为准则》的信息，这两个文件规定了科研人员、雇主、资助方等方面的规章与义务，同时提供各国准入条件以及有关社会保障和保险金的信息。

网络（EURAXESS Links）：是联络在海外工作的欧洲科研人员以及希望到欧洲从事科研工作的非欧洲籍研究人员的平台，目的是向全世界推广欧洲科研并鼓励科技合作。如 EURAXESS 中国网络（EURAXESS Links China）专为在华欧洲科研人员以及有兴趣与欧洲建立研究合作关系的中国科研人员建立关系网，提供相关资讯。目前，EURAXESS 已经在东盟四国（印度尼西亚、马来西亚、新加坡、泰国）、巴西、中国、印度、日本和北美建立了工作点。

"欧洲科研人员网络"通过提供完善的信息和服务，在促进欧盟人才流动方面发挥了越来越重要的作用，通过不断的发展，其在欧盟成员国间及国际上的影响度不断提升，平均每天为求职者提供约 10 000 个工作机会，为促进国际人才流向欧盟起到了重要作用。在欧洲研究区建设中，EURAXESS 促进了研究人员的流动并增进了世界优秀科研人员对欧盟的了解，促进了公开、透明、以能力为重招聘原则的贯彻实施。

（二）国家研究综合政策信息系统

国家研究综合政策信息系统（ERAWATCH）是一个由研究和创新总司与联合研究中心共同管理的战略性信息服务系统，主要目标是支持基于事实基础的欧洲研究政策的制定并推动欧洲研究区的实现，希望能够通过这个系统使各个成员国的国家创新系统和区域创新系统的现状及其运行环境能够被更好地了解。ERAWATCH 提供欧洲层面、国家层面和区域层面研究和创新系统、科技创新政策及欧洲内外的科研项目的相关信息。目前涵盖 61 个国家的数据，包括欧盟 28 个成员国、13 个与"第七框架计划"有协议的国家和 20 个第三国家。ERAWATCH 的信息收集和发布主要由欧盟委员会联合研究中心的科技展望研究所来负责①。通过 ERAWATCH 能使欧盟内部各层级主体关于研究与创新的信息得到充分交流和共享,有利于欧洲研究区建设中各层级研究与创新系统的协调整合,使各创新主体在了解其他主体研究与创新现状的基础上通过灵活、专业化的战略发展自己的创新系统。

（三）网络信息系统

网络信息系统（NETWATCH）是一个欧盟的信息平台,由欧盟委员会于 2008 年建立,提供跨国研究开发合作项目的信息,支持欧洲的跨国研发项目合作,并对合作项目的影响进行分析,对所形成的研究网络进行分析和评价。NETWATCH 主要进行以下方面的工作:绘制合作网络图;提供联合倡议的信息;分析合作项目的影响;描述各个研究网络的范围和成果;支持跨国项目网络中的相互学习。

最初,该系统主要关注"欧洲研究区网络计划"（ERA-NET）的相关信息,推动欧洲范围内研究网络的形成和发展,后来其提供信息的领域逐步扩大,涉及更多的研究与创新行动计划,目前已经有六十个国家参与其中。网络信息系统有利于欧洲研究区各主体在联合研究行动中实现信息交换并进行经验的交流与推广,能够降低跨界项目合作的成本并提高项目执行的效率。

欧洲在一体化进程的推进中,不断探索欧盟各国科技和创新合作的有效机制,不断推进欧洲研究区建设,试图打造研究创新领域的统一市场。为达到此目标,从欧洲研究区提出以来欧盟开发了很多有效的工具,包括通过"框架计划",欧洲研究理事会、结构基金、欧盟竞争与框架计划等基金工具资助研究与创新,推动基础研究、跨国研究合作及企业创新;通过"欧洲创新与技术研究院"探索有效整合教育、科研和生产的机制,整合欧盟各国高等院校、创新企业和科研机构的创新力量,开展公私合作,培养创新人才;通过"欧洲研究区网络计划"行动打造欧盟各国研究网络,通过"联合项目计划""欧洲技术平台""联合技术行动""185 条款行动"等推动成员国之间的合作以及产学研之间的跨国合作,通过自下而上的方式确定研究战略方案,充分重视产业界的观点,提升科技成果的市场转化率;通过"玛丽·斯克沃多夫斯卡·居里行动"加强研究人员的培训,促进研究人员跨国、跨区域、跨部门、跨学科的全方位自

---

① 科技展望研究所成立于 1994 年,是欧盟联合研究中心的七个科学研究所之一,目标是及时监测和分析科学和技术的发展及其对社会各个部门的影响,为欧洲政策制定者提供支持。

由流动。通过"欧洲研究区席位"行动增加科研团队领袖对落后地区科研机构的指导和帮带作用。通过开发如 EURAXESS、ERAWATCH、NETWATCH 等专门化的网络信息平台加强信息交流与服务。通过"创新联盟记分牌""欧洲学期"和欧洲研究区发展报告等监督工具对欧洲研究区的建设及治理情况定期评价,使欧盟和成员国及与创新相关的机构及时调整自己的发展战略和行动,更好地执行欧洲研究区的建设任务,实现欧洲研究区的建设目标。

欧盟通过使用上述资金工具,加大了创新投入,激励了各研究与创新主体的创新积极性;通过平台工具加强了欧盟与成员国之间的合作关系,加强了创新链条上各主体的衔接与合作,促进了知识在创新链条上的流动,推动了知识的转化和创新的实现;通过人员交流工具对研究人员的流动和培训提供资助和服务,提高了研究职业的吸引力;通过构建网络信息平台,增加了成员国之间的信息交流并对研究人员提供了信息服务;通过监督工具加强了对欧洲研究区建设效果的监督。各类工具在欧洲研究区建设中发挥了积极的作用,随着它们影响力的不断增强,还会进一步发挥更重要的作用。

第四章　欧洲研究区建设进程回顾

从本质上看，欧洲研究区是一个能有效地联结欧盟各成员国创新系统的欧盟泛区域创新系统，能更好地实现跨国竞争与合作，形成开放的科研人员劳动力市场，崇尚性别平等和性别主流化理念。从不同时期发布的有关欧洲研究区的文件特别是重要的报告尤其是评估报告中可以梳理欧洲研究区的建设进程。欧洲研究区的建设进展与欧盟几个重大发展战略是密切相关的。

第一节　欧洲研究区的初始成立阶段

一、欧洲研究区的提出

（一）欧洲研究区设想的提出

进入 21 世纪后，从科学与技术的关键指标中所反映出来的欧盟的科研与创新能力堪忧。在这种背景下，2000 年 1 月，欧盟委员会在法国斯特拉斯堡举行会议，讨论并通过了由负责研究的委员布斯坎先生提出的题为《建立欧洲研究区——欧盟委员会致欧盟理事会、欧洲议会、经济与社会委员会以及地区委员会的报告》。该报告提出了建立欧洲研究区的设想与做法，期望通过欧洲研究区建设提升欧洲研究体系的效率和效益。

（二）里斯本会议正式确定建设欧洲研究区

2000 年 3 月 23 日和 3 月 24 日，欧盟各国领导人会聚葡萄牙首都里斯本，欧洲理事会在里斯本举行了特别会议，在会议上达成了下一个十年的战略目标，被称为"里斯本战略"，共同发出了在十年之内使欧盟成为"世界上最具竞争力的经济体"的宏伟誓言，致力于在知识经济时代背景下加强就业，促进经济改革和社会融合。各成员国对于研究和创新的重要性达成共识，认为研究和开发在经济增长、增加就业和社会融合中起着重要的作用，在这次会议上正式提出了要建设欧洲研究区，使研究活动在国家和欧盟层面更好地协调，使研究活动尽可能的高效和有创新性，并确保欧洲对最优秀的人才具有吸引力。

欧洲理事会倡导欧盟理事会和欧盟委员会与成员国为建立欧洲研究区，一起开展有必要的行动，包括：在灵活选择、自愿参与基础上建立一种有利于国家合作和联合项目研究的有效机制，以实现成员国科研资源的效益最大化。将所取得的成果向理事会定期报告，到 2011 年，整理出所有成员国研发方面的优势并促进这些优势的传播。

但是在 2000 年，欧盟及成员国对于欧洲研究区的概念并不明确，只提出了概念所包含的十个要素，只是为了解决欧洲面临的问题提出了一个解决问题的设想，虽然提出了七大行动措施，但所提出来的要采取的行动不是很具体，而且有些目标太理想化而不切实际。

二、确定欧洲研究区建设的层次性

欧洲研究区前期建设的阶段着重强调成员国之间的合作。随着欧洲研究区的正式提出，欧盟意识到完成欧洲研究区的建设不仅要从成员国之间的关系层面考虑，还要考虑其国际层面和成员国的区域层面。2001 年，欧盟分别从欧洲研究区的国际发展层面和区域发展层面进行了分析，在关于欧洲研究区的区域层面的文件中，强调要重视区域在加强欧洲研究和创新方面的效用，要重视地方科研人员的培养、发挥地方高等院校的作用、促进地方创新型企业的发展、发展区域创新体系等。地区委员会强调地方政府的重要作用，认为应当鼓励地方政府将其制定的区域政策与国家层面和欧盟层面的政策相协调。在关于欧洲研究区国际发展层面的报告中，强调了欧洲研究区一定是面向世界开放的，在全球化经济的背景下，欧洲定位的是建立具有世界竞争力的经济体，只有广泛开展国际科技合作，才能够真正提高欧洲的科技创新能力。要通过加强国际交流，使欧洲研究区有能力吸引世界上最优秀的科研人才，并使欧洲的科研人员和科研机构能够获取世界上最先进的知识。

三、欧洲研究区概念和目标进一步清晰

2002 年 3 月，在巴塞罗那举行的欧盟高峰会上，欧盟成员国首脑一致通过了一项令世界普遍关注的重要决议，即到 2010 年，将欧盟的研发总投入从现在占国内生产总值（GDP）的 1.9% 提高到 3%，其中 2/3 的投入来自私人企业，被称为"巴塞罗那目标"。这个具体的数据目标根本目的是促进欧洲的科

技和创新发展。为实现巴塞罗那目标，欧盟将推进欧洲研究区建设作为一个手段。2002 年 10 月，欧盟委员会发布了题为《欧洲研究区：提供一种新动力》的通讯，对欧洲研究区提出 30 个月以来的发展情况做了一个总结和评价，认为通过一个阶段的发展，欧盟各界对欧洲研究区的认识更进了一步。欧盟委员会总结了欧洲研究区概念的三个关键点：第一，打造真正实现知识、研究者、技术自由流动的欧洲研究的"内部市场"，从而达到加强合作、激励竞争和优化资源配置的目的；第二，重整欧洲的研究结构，尤其是增加欧洲各国研究行为和政策的协调性；第三，发展欧洲研究政策。

四、重启里斯本战略推动了欧洲研究区建设

2005 年，为期两天的欧盟春季首脑会议于 3 月 23 日在布鲁塞尔结束，与会的 25 国领导人正式批准了欧盟委员会提出的"增长与就业计划"，决定重新启动旨在刺激欧洲经济增长和增强欧洲国家竞争力的"里斯本战略"。重启里斯本战略中进一步强调了欧洲科研政策和其他政策在欧盟层面协调的重要性，更加注重治理体系的完善，重申了研发投入占 GDP3％的目标，区分成员国和欧盟各自的责任，据此要求各自展开具体的行动。在制度层面也取得了重要的成就，如成立"欧洲研究理事会"和"欧洲创新与技术研究院"，欧洲投资银行对研发的支持进一步加强。欧洲研究区的建设是在"里斯本战略"之下进行的，因此"里斯本战略"的重启也意味着对欧洲研究区建设的进一步推动。"欧洲研究理事会"和"欧洲创新与技术研究院"的成立有利于激励创新，增进欧洲研究区主体之间的联系，为欧洲研究区提供了强有力的治理工具。

总体来看，这几年关于欧洲研究区的研究不太多，欧洲研究区的建设进展缓慢，还主要停留在明确欧洲研究区的概念和目标阶段，采取的具体行动比较少。

第二节　定位明确 具备法律依据

一、建设"第五个自由"

2007 年 4 月，普托可尼克（Potocnik）委员在一次讲话中第一次提到了建立与研究相关的"第五个自由"的重要性，"第五个自由"即指知识的自由流通，是在欧盟统一市场实现人员、商品、劳务、资金四个自由流动基础上进一步实现知识自由流通。其后相关内容在欧盟委员会得到进一步充实。2008年5月13日和14日，欧洲理事会做出了决议，号召成员国清除妨碍知识自由流通的障碍，建设"第五个自由"。这也成为了欧洲研究区建设的目标，欧洲研究区要实现像统一市场一样的欧盟统一研究区域，使知识在其中自由流通。

二、欧洲研究区绿皮书发布

在重启"里斯本战略"后的第三年，为了能评价这三年欧洲研究区的建设进展并使欧洲研究区建设在未来一个发展周期有一个明确的定位，2007年在广泛咨询和讨论的基础上，欧盟委员会发布了《欧洲研究区：新视角》的绿皮书，进一步强调了建设欧洲研究区的重要性，进一步明确了其定位和理念。对于欧洲研究区的概念重新进行了阐释，将欧洲研究区定义为一个欧洲研究的统一市场，研究者、技术和知识在其中自由流通；国家和区域研究行为、研究项目和研究政策在欧洲层面上有效协调；研究行动在欧洲层面上展开并被资助。而且归纳出欧洲研究区应当具备的六大特征，即实现单一的研究人员劳动力市场、发展世界级研发基础设施、加强研究机构的力量、分享知识，使研究项目和优先发展顺序更优化、向世界开放（在科技领域开展国际合作）。

在绿皮书中提到，欧洲研究区从2000年开始建设以来已经取得一定成绩，如联合项目得到不断发展，成立了欧洲研究理事会，还有像欧洲技术平台——ERA-NET，在欧洲层面上联合研究行动，欧洲研究区在欧洲已经成为研究政策制定的一个关键参考因素，证明欧洲研究区已经在欧洲被广为认可和接受。但是欧洲研究区仍然在很多方面需要进一步建设，尤其是在克服欧洲范围内研究行为、项目和政策的分散性方面。绿皮书中给出了进一步的行动建议，希望能进一步促进欧洲研究区建设的深度和广度。

三、《里斯本条约》确立法律依据

在2007年年底签署的《里斯本条约》里有专门的条款阐释了欧洲研究区的定义以及欧盟和成员国为实现欧洲研究区目标可以采取的行动。《欧洲联盟运行条约》第19编的第179条界定了欧洲研究区的定义，使得欧洲研究区的建立有了法律依据。第180条列举了欧盟为实现欧洲研究区的目标应该有的行动，为欧盟的行动提供了法律保障。181条明确提出欧盟应该与成员国密切合作。185条进一步明确了欧盟在参与成员国的研究项目中可以参与的内容。

将欧洲研究区相关内容纳入《里斯本条约》，证明了欧盟对于欧洲研究区的重视程度，也使欧洲研究区的建设有了法律依据。

第三节　远景确定 加强治理

一、"卢布尔雅那进程"确定发展远景

2008 年，欧盟理事会启动了"卢布尔雅那进程"，对欧洲研究区进行了总体定位，勾勒了一个欧洲研究区的 2020 年远景，并提出了改善欧洲研究区治理的重要性，希望成员国和欧盟充分利用开放式协调机制，按照欧洲研究区准则进行成员国改革方案的制定，相互学习和监督。加强欧洲研究区的治理应该遵守以下原则：第一，在"里斯本战略"指导下展开行动，而且要注意与教育、创新等相关政策的关系。第二，要使所有成员国和联系国政府、地方管理当局及利益相关者（如高校、研究机构、民间团体、企业）都参与到欧洲研究区的治理当中。第三，为实现共同的欧洲研究区远景目标，由欧盟和成员国联合开发高效的信息系统并进行监督和评价体系的构建，在监督下确保所有的行动都能更好实现欧洲研究区的远景目标。第四，欧盟、成员国、"框架计划"的协议国应建立长期伙伴关系共同开展欧洲研究区建设，包括行动计划的制定、行动的开展以及行动的监督和评价。第五，促进欧洲研究区发展的协调性，提高建设效率，避免不必要的行为。

2008 年，欧盟委员会通过一系列的创新伙伴行动进一步加强了成员国之间的合作，成员国将在五个关键领域进行合作从而共同推进欧洲研究区的建设，分别是：改进研究者的工作条件和流动性；共同设计和开展研究项目、建造世界级的欧洲研发基础设施；推进公共研究机构和产业界的知识转化和合作；在科学技术领域开展国际合作。

在 2009 年，《里斯本条约》的实施为欧洲研究区建设提供了法律保障，使欧洲研究区的建设在欧盟层面和成员国层面进一步得到推进。

二、欧洲研究区与"欧洲 2020 战略"

2010 年，"欧洲 2020 战略"启动，战略以研究和创新为核心。欧盟委员会将欧洲研究区的建设完全融入以增长和就业为目标的"欧洲 2020 战略"中，将其作为"欧洲 2020 战略"下的七大旗舰计划之首——"创新联盟"的核心内容。在 2011 年 2 月 4 日的决议中，欧洲理事会声明欧洲研究区在 2014 年必须完成，要扫除一切障碍创建知识、研究和创新的统一市场。2012 年 3 月 2 日，欧洲理事会又进一步确认该目标，并在 2012 年 6 月和 10 月的报告中

多次明确该目标。欧盟实际很清楚，到 2014 年不可能真正建成欧洲研究区，但是反复强调这个近期的目标可以让成员国引起重视，也表明欧盟推动欧洲研究区建设的坚定决心。为进一步支持欧洲研究区建设，欧盟委员会宣布在欧盟和主要研究利益相关者中发起"欧洲研究区协定"，用奎恩（Quinn）委员的话说，这个协定将包含一个基于共同目标的清晰的路线图，确定了各主体要完成的准确、现实的任务以及完成任务的明确期限。到 2020 年，研究者、知识和技术在欧洲研究区中自由流动，形成继商品、人员、资本、服务之后成员国之间的"第五个自由流通"，所有的参与者都将受益匪浅。欧洲研究区在促进科研开展及向研发密集型部门投资方面提供了便利条件和高效的治理方式，通过在欧洲范围内形成基于合作和协调的科研良性竞争创造了显著的附加价值，满足了欧洲人民的需求和愿望。

2011 年，欧洲研究区委员会在《发展欧洲研究区框架的意见》中分析了欧洲研究区这些年取得的成绩以及各种阻碍欧洲研究区实现的可能障碍和问题，提出了可以清除障碍的行动建议。这份意见使得欧洲研究区的目标更加清晰。

第四节　加强伙伴关系 完善监督机制

一、确定欧洲研究区优先发展领域

2012 年 7 月 17 日，欧盟委员会发布了题为《加强欧洲研究区伙伴关系，促进科学卓越和经济增长》的政策文件，欧盟委员会副主席卡洛斯和欧盟科研委员奎恩出席了发布会并强调了要加快建成统一的欧洲研究区的决心，明确了欧洲研究区的行为主体发展伙伴关系的重要性，这份文件也对欧洲研究区现状进行了一个分析和评估。这份文件明确将欧洲研究区定义为开放并相互联系的欧洲研究系统，在欧盟委员会、成员国和相关利益研究机构之间要建立伙伴关系，这将有利于实现国家政策的协调，消除不必要的重复建设。欧盟委员会还制定了五大优先发展措施，这就标志欧洲研究区从确定愿景阶段进入到了制定具体执行措施的实质发展阶段。

为推动欧洲研究区建设，欧盟委员会制定了具体措施，要求各成员国执行。欧盟委员会还与重要科研项目及科研资助机构的代表共同签署了联合声明及谅解备忘录。

根据本次发布的政策文件，欧盟成员国应采取必要措施，确保国家科研和创新资金在欧盟层面的开放性和流动性（能够随着获资助者的迁移而流动）；各国科研机构的空缺岗位应通过统一的网站发布，并确保招聘程序的开放、透明和公正；各国应采取措施促进欧洲统一专利制度的建立。

二、发展建设欧洲研究区的伙伴关系

2012 年 7 月，欧盟委员会与欧洲研究与技术组织联合会、欧洲大学联盟、欧洲研究性大学联盟、北欧科研合作组织和科学欧洲机构发表了《共建伙伴关系，建设欧洲研究区》的联合声明，决定要团结一致，共同推进欧洲研究区的建设。还发表声明要共同促进科研信息的开放获取（Open Access），从而促进科研成果的传播和应用。

2013 年 12 月 13 日，欧盟负责研发与创新事务的委员奎恩（Quinn）女士代表欧盟委员会，在布鲁塞尔欧盟委员会总部同欧盟六大相关利益方组织代表，签署加速实现欧洲研究区建设目标的联合承诺声明。欧盟六大相关利益方组织分别为：欧洲科研与技术组织协会（EARTO）、欧洲大学协会（EUA）、欧洲研究型大学联盟（LERU）、北欧应用研究合作组织（Nord Forsk）、科学欧洲组织（Science Europe）和欧洲先进工程教育与科研高等学校大会组织（CESAER）。联合承诺声明的签署将进一步强化欧盟委员会同相关利益方组织的伙伴关系，重申对欧洲研究区建设坚定的政治支持，承认六大组织在欧洲研究区建设中的关键作用，加速欧洲研究区的建设进程。

欧盟六大相关利益方组织同意，积极参与欧盟科技资源共享平台建设，积极参与创新、创意、信息和经验的自由交换与免费获得，促进人类知识财富的积累和生产更多的科技成果，围绕"欧盟 2020 战略"确定总体战略目标。目前，欧盟委员会联合六大组织正在积极制定科学出版物、科研数据和成功实践案例的公开获取指导原则。欧盟委员会和六大组织联合推进的欧盟统一的研发创新框架政策、科研人员跨境自由流动、科研人力资源发展战略、技术跨境跨行业低成本转移、研发创新项目评估政策、研发创新支撑区域知识经济可持续发展、研发创新工程师与企业家关键作用行动计划、纵向的研发创新联盟和横向的研发创新网络平台及公私伙伴关系（PPP）建设、欧盟层面的大型科研基础设施建设与部署、新兴产业重大专项行动计划等，也正在有条不紊地执行和实施。

三、监督机制日趋完善

（一）发布欧洲研究区发展报告

从 2012 年开始，欧盟委员会计划在欧洲研究区治理中建立欧洲研究区自动监督机制，用指标来反映欧洲研究区的建设情况，将结果报告给欧盟理事会和欧洲议会以及科学界，作为进一步决策的依据。欧盟委员会在 2013 年发布了第一个欧洲研究区的发展报告。欧洲研究区开始建设以来，每隔一段时间，欧盟发布的官方文件中都会对之前欧洲研究区的建设情况做总结和评价，在一定程度上起到了监督评价的作用，但提供的基本都是定性描述，没有事实和数据做支撑。《欧洲研究区发展报告 2013》显示，在实现欧洲研究区目标上已经有了重要进展，并介绍了成员国已经采取的措施及所取得的成就，同时发布《欧洲研究区的实例和数据》，内容详尽，提供了目前欧盟及成员国方面在几大优先发展领域开展情况的实例和数据，为 2014 年的深入评估报告打下了基础。2014 年，在 2013 年发展报告的基础上，欧盟发布了《欧洲研究区发展报告 2014》，展示了成员国在建设欧洲研究区方面采取的新措施，而且对研究与创新的相关机构关于欧洲研究区行动的执行情况从成员国层次上进行了比较。案例和数据显示，成员国的国家创新系统更符合欧洲研究区的要求，所有成员国已经制定了国家研究与创新战略。2017 年，欧盟发布了《欧洲研究区发展报告 2016》，对 2014—2016 年欧洲研究区的建设情况进行了评价和分析，第一次对每一个成员国在每一项欧洲研究区优先发展领域的建设情况进行了评价。不仅是像 2014 年时对成员国的执行情况进行简单排序，更是将成员国按参与每一项欧洲研究区优先发展领域建设的程度从高到低划分为四大集群，将差距更加具体化，使成员国能根据报告更清楚地认识到自己的问题，相应地制定和调整本国的欧洲研究区建设方案。

欧洲研究区发展报告是对欧洲研究区建设情况的阶段性评价，欧洲研究区的行为主体通过欧洲研究区的发展报告可以了解到欧洲研究区在欧盟层面和成员国层面的最新进展，了解其他行为体行动开展的效果，欧洲研究区的相关主体可以通过数据找到自身的差距，有目标地进行调整和改进，认清自己下一步的改革方向。欧洲研究区评价体系的发展是欧洲研究区监督机制的一种完善。

（二）将对欧洲研究区的监督纳入欧洲学期

2009 年年底，爆发于希腊的欧洲主权债务危机波及欧洲的很多国家，给欧洲的发展及欧洲一体化蒙上了厚厚的阴影，充分暴露了欧盟经济治理中存在的严重问题。2010 年 9 月，欧盟成员国财政部长会议决定，从 2011 年起启动"欧洲学期"监督机制，从根本上防止希腊式债务危机重演。"欧洲学期"实质上是一种经济政策协调机制，旨在及早发现欧盟经济中存在的问题，力求防患于未然。根据"欧洲学期"机制，欧盟成员国的预算方案和改革计划要提交欧盟委员会审议，而不能自行决定。每个"欧洲学期"始于每年 1 月，历时半年，以欧盟委员会发布《年度增长调查》报告作为起点，报告指出欧盟经济面临的主要问题和存在的风险，并提出应对建议。欧盟领导人将在每年3月份举行的欧盟春季首脑会议上对欧盟委员会的建议进行评估并提出战略性建议。欧盟各成员国需根据这些建议来制订本国预算和经济改革方案，并于当年4月提交欧盟委员会评估。随后，欧盟部长理事会将根据欧盟委员会的评估结论在每年6、7月针对每个成员国发布政策指导，各成员国政府据此完成第二年的预算草案并提交本国议会批准。欧盟要求成员国政府必须致力于发展2012年确定的欧洲研究区建设的五大优先领域，将具体发展措施体现在国民经济改革方案中，纳入欧洲学期的监管中，如果成员国在预算方面和经济改革方案中对五大优先领域没有具体的实质性安排，欧盟委员会将指出并提供发展意见，这将促进欧洲研究区更快速的发展。

欧盟委员会通过监督机制定期对欧洲研究区的建设情况进行总结和评价，并提出如果改革进展情况十分不尽人意，将考虑用法律手段推进欧洲研究区的建设，可见欧盟委员会建设欧洲研究区的决心是十分坚定的。

（三）制定欧洲研究区发展路线图

2015年5月，欧盟出台了《欧洲研究区路线图2015—2020》作为欧洲研究区进一步发展的指导。这对欧洲研究区监督机制来说又是一个具有里程碑意义的事件。相比发展报告的评价，路线图更为具体，为欧洲研究区最终实现的关键五年制定了具体的发展目标。欧洲研究区能否最终实现，关键在成员国层面的建设。有很多成员国对欧洲研究区建设参与度不高，可能是因为对欧洲研究区具体建设思路不了解，而路线图就可以指导成员国开展具体行动，根据欧盟发布的路线图制定本国的相应行动方案。欧洲研究和创新区委员会还为监督路线图的执行制定了八个核心指标，力图使路线图的执行能落到实处。根据路线图的阶段目标对成员国的建设措施进行监督就使得监督机制更加可行和具体。

《欧洲研究区发展报告2016》中显示大部分成员国已经出台了各自2015—2020年的方案，这也为进一步形成欧洲研究区相关政策奠定了基础。各成员国的路线图和具体方案再被纳入欧洲学期的监管之下，将使欧洲研究区建设的各项方案能更好地在成员国层面开展。

2014年本是欧盟最初预计的欧洲研究区建成的时间，但并没有实现，正如统一市场的建立一样，这个过程不可能是一帆风顺的，而是一个逐渐推进的过程。从《欧洲研究区发展报告2016》中可以看出，成员国和相关研究机构的改革工作还需要进一步完善，各国的改革进度十分不同，欧洲研究区何时最终完成，主要取决于各成员国关于欧洲研究区各项动议在本国的实施。欧盟下一步要做的只有继续从资金上加强支持、提供各国交流的平台及加强监管。欧洲研究区下一阶段的建设任务主要是在成员国层面展开相关建设，成员国在探索本国灵活专业化发展战略的基础上，进一步在各国的经济改革中落实欧洲研究区的各项建设任务，接受欧盟的指导，加强与其他成员国和第三国的科技创新合作。

欧洲研究区的建设首先通过确定基本目标进行远景构建，明确建成的欧洲研究区是什么景象，通过与现实对比发现不足，并分析阻碍欧洲研究区实现的障碍，将这些障碍设定为优先发展领域并采取行动，通过阶段性的评价监督将偏离目标的行为进行修正，以期实现最终目标。通过研究与分析欧盟发布的关于欧洲研究区的重要文件有助于把握欧洲研究区的建设历程。

第五章 欧洲研究区建设效果评价

欧洲研究区是在"里斯本战略"下提出的，目的是加强欧盟的整体创新能力，提高创新竞争力，并通过创新促进欧盟经济的增长和就业的增加。虽然"里斯本战略"并没有实现，但欧洲研究区的建设一直以来受到欧盟的重视，欧盟提出要在 2019 年建成欧洲研究区。评价欧洲研究区的建设效果可以从分析欧洲研究区建设是否达到了预期目标着手，如优先发展领域是否取得了实质性进展，欧洲研究区是否在欧盟成员国和利益相关组织中获得了广泛认可和支持，欧洲研究区发展进度是否符合预期。由于欧洲研究区建设的最终目标是促进欧盟的整体创新能力，因此对欧洲研究区建设效果的评价还应当看欧洲研究区是否提升了欧盟的创新能力、是否促进了"巴塞罗那目标"的实现、是否提升了欧盟的创新竞争力、是否改善了欧盟地区科研人力资源质量，增强了欧盟地区对人才的吸引力。

第一节 欧洲研究区优先发展领域建设评价

欧洲研究区目前确定了六大优先发展领域，分别是更有效的国家研究系统，优化跨国合作和竞争，为研究者提供开放的劳动力市场，在研究领域实现性别平等和性别主流化，优化科学知识的流通、获取和转化，国际合作。在自我评估的基础上，欧洲研究区最初确定了前五大优先发展领域，这是欧盟在广泛征询意见并认真分析欧盟研究与创新现状的基础上找到的完成欧洲研究区建设必须要先解决的五大问题。因此评价欧洲研究区建设效果还是以评价前五大优先发展领域的建设情况为主。而作为泛区域创新系统，判断系统建设的有效性也需要从这几个方面来判断：子系统是否得到有效整合，是否能开展有效合作与竞争；系统内的创新资源的使用效率是否得到了提高，如研究者、研究基础设施等；知识作为创新系统的核心要素能否实现自由流通。这些内容都在欧洲研究区的前五大优先发展领域上得到了体现，因此，优先发展领域的发展情况也就反映了欧洲研究区的建设进展情况。

一、更有效的国家研究系统

欧洲研究区优先发展的第一项就是建立更有效的国家研究系统。在欧洲研究区中有效的国家研究系统不仅意味着各成员国子系统的健康发展，还意味着各国子系统之间的协调发展，只有在子系统良好发展的基础上并加强协作才能提升欧盟整体的研究与创新能力。欧盟成员国发展国家研究系统以提升本国的创新能力是提高欧盟整体创新能力的前提条件，在各国创新能力提高的基础上协调各国研究创新系统，才能共同推进欧洲研究区的建设。在欧洲研究区优先发展的领域当中，国家研究系统建设的主要内容包括使成员国的创新与发展政策与欧洲研究区发展理念相一致，接受欧洲研究区发展框架的指导，加大对研究与创新的支持力度，对科研资金的配置采用竞争性原则以提高科研资金的使用效率。因此，对于国家研究系统的有效性评价可以从国家研究与创新战略的制定是否与欧洲研究区发展战略一致、国家对研发与创新的资金支持力度及科研资金配置方式是否具有竞争性进行评价。

（一）国家研究与创新战略的制定

研究与创新战略的制定对欧洲研究区的发展至关重要，成员国的创新系统能否协调发展取决于其各自的研究与创新战略能否协调一致。2014 年《欧洲研究区发展报告》中的数据显示，国家研究和创新战略得到了成员国的普遍重视，除葡萄牙外的所有成员国都制定了国家研究和创新发展战略。欧洲研究区建设越来越受到成员国的重视，奥地利、德国、西班牙、芬兰、匈牙利、意大利、卢森堡、马耳他、罗马尼亚、瑞典、斯洛文尼亚和英国这 12 个国家在国家战略中包括了全部或部分欧洲研究区的行动计划。2016 年的《欧洲研究区发展报告》显示，几乎所有的成员国已经制定了国家的研究和创新发展战略，而且与欧洲研究区的相关战略协调性增强，说明欧洲研究区在成员国中的认可度增强，欧洲研究区的发展纲领对成员国的指导性加强，这有利于成员国国家创新系统的进一步协调发展。欧盟委员会建立的"灵活的专业化平台"（简称 S3 Platform）促进了成员国之间的相互学习和交流，避免了成员国采取重复的研究与创新发展战略，各国都在积极制定本国的灵活专业化战略。欧盟委员会还组织并资助了 15 个专家组考察了创新能力相对落后的爱沙尼亚、立陶宛、拉脱维亚、斯洛伐克、斯洛文尼亚、匈牙利、罗马尼亚、保加利亚、波兰、捷克、西班牙和葡萄牙 12 个国家，帮助地区负责研究与创新的管理部门进行灵活、专业化的发展战略的制定。调查报告还将正式递送给欧盟委员会的相关部门及这些成员国的相关常驻代表。这些报告是客观中肯的，能帮助成员国政府认识其研究与创新方面的不足并提出解决意见①。

（二）政府研发资金的预算总支出

国家从资金方面对创新的支持往往通过增加公共研发资金、减免税收和增加信贷优惠等手段，但由于税收激励和信贷优惠等支持手段具有不易统计性，因此主要通过研发预算总支出（Government Budget Appropriations or Outlays on R&D，GBAORD）从定量上评价政府对研究与创新的资金支持情况。如表 5-1 所示，从整体上看，欧盟 28 国②的研发预算总支出自 2009 年年底欧债危机爆发后一直下降，从 2014 年开始回升。由于在欧债危机中一些国家将研发支出纳入财政紧缩的范围，因此总研发预算支出下降，如比利时、爱尔兰、西班牙、法国、意大利、塞浦路斯、拉脱维亚、立陶宛、匈牙利、荷兰、罗马尼亚、斯洛文尼亚和英国。但其中一些国家加大了减免税收等其他方式的研发支持手段，如法国、荷兰和英国。但是也可以看到另有一些成员国的研发预算总支出一直在增加，如比利时、丹麦、德国、爱沙尼亚、卢森堡、匈牙利、奥地利、波兰、瑞典。从表 5-1 中可以看出，绝大多数的欧盟国家从 2014 年开始，由于欧洲债务危机逐渐过去，在研发资金上的支出也相应增长。但通过比较，可以发现成员国政府投入在研发上的资金额存在很大差别。如果按人均研发支出计算，卢森堡比保加利亚高 30 多倍，虽然研发支出的差别与国民收入和购买力等因素有关，但仍能反映成员国之间关于公共研发投入的巨大差别。如果从政府研发资金预算占政府总支出的比重来看，可以看出一国政府对研发与创新的重视程度，如表 5-2 所示，有些国家将研究和创新视作促进经济增长的重要动力，使政府总支出中投入研发的比重持续增长，如比利时和波兰。

表 5-1　　　　　　　　欧盟及成员国政府的研发资金拨款　　　单位：十亿欧元

年份（年） 国别	2008	2009	2010	2011	2012	2013	2014	2015
欧盟 28 国	89.81	92.05	92.75	92.68	90.83	90.51	93.90	96.08

---

① European Commission. European Research Area Facts and Figures 2014 [R]. Brussels, 2014.

② 2016 年 6 月 23 日，英国举行公投，超过一半选民投票支持脱离欧盟，成为欧盟历史上第一个以全民公投方式脱离欧盟的国家。目前，英国正与欧盟展开艰苦的脱欧谈判。在英国正式脱离欧盟之前，我们仍视英国为欧盟成员国。

表5-1(续)

年份（年）\ 国别	2008	2009	2010	2011	2012	2013	2014	2015
比利时	2.34	2.29	2.38	2.40	2.49	2.54	2.73	2.54
保加利亚	0.11	0.12	0.10	0.10	0.10	0.10	0.11	0.11
捷克共和国	0.82	0.87	0.89	1.05	1.04	1.01	0.99	1.02
丹麦	1.99	2.20	2.29	2.46	2.52	2.55	2.66	2.74
德国	19.69	21.71	23.02	23.74	24.03	25.11	25.52	26.53
爱沙尼亚	0.10	0.10	0.10	0.13	0.15	0.16	0.14	0.14
爱尔兰	0.94	0.90	0.83	0.79	0.76	0.77	0.73	0.74
希腊	1.03	0.85	0.68	0.65	0.73	0.71	0.78	0.92
西班牙	8.41	8.70	8.31	7.25	6.19	5.31	5.78	6.04
法国	16.95	17.51	16.36	16.81	15.13	14.98	14.82	14.17
克罗地亚	0.31	0.31	0.32	0.33	0.32	0.32	0.31	0.36
意大利	9.94	9.78	9.55	9.16	8.82	8.32	8.45	8.37
塞浦路斯	0.07	0.08	0.08	0.08	0.07	0.06	0.06	0.06
拉脱维亚	0.07	0.04	0.03	0.03	0.03	0.03	0.04	0.05
立陶宛	0.15	0.14	0.12	0.13	0.12	0.13	0.13	0.12
卢森堡	0.17	0.20	0.23	0.26	0.28	0.29	0.35	0.32
匈牙利	0.45	0.43	0.35	0.30	0.34	0.60	0.29	0.31
马耳他	0.01	0.01	0.01	0.01	0.02	0.02	0.02	0.02
荷兰	4.58	4.85	4.86	4.98	4.66	4.60	4.87	4.88
奥地利	1.99	2.15	2.27	2.43	2.45	2.62	2.65	2.74
波兰	1.10	1.05	1.31	1.18	1.37	1.44	1.77	1.75
葡萄牙	1.57	1.75	1.77	1.75	1.56	1.58	1.63	1.76
罗马尼亚	0.56	0.36	0.35	0.35	0.29	0.30	0.32	0.41
斯洛文尼亚	0.19	0.24	0.22	0.22	0.19	0.19	0.16	0.16
斯洛伐克	0.18	0.23	0.25	0.32	0.29	0.27	0.29	0.33
芬兰	1.81	1.93	2.07	2.07	2.06	2.00	2.00	2.00
瑞典	2.66	2.66	3.09	3.21	3.58	3.64	3.61	3.54
英国	11.60	10.58	10.90	10.50	11.23	10.86	12.70	13.94

数据来源：欧洲统计局官网 http://ec.europa.eu/eurostat/data/database。

表 5-2　　欧盟及成员国研发预算总支出占政府总支出的比重表　　单位:%

年份（年）国别	2008	2009	2010	2011	2012	2013	2014	2015
欧盟 28 国	1.49	1.49	1.45	1.45	1.38	1.41	1.4	1.38
比利时	1.22	1.32	1.21	1.22	1.16	1.15	1.16	1.24
保加利亚	0.65	0.79	0.8	0.72	0.69	0.7	0.65	0.59
捷克共和国	1.34	1.27	1.34	1.33	1.49	1.45	1.53	1.5
丹麦	1.6	1.7	1.74	1.74	1.78	1.73	1.83	1.83
德国	1.74	1.76	1.85	1.89	1.96	1.97	2.02	1.98
爱沙尼亚	1.4	1.59	1.48	1.72	2.02	2.07	2.12	1.87
爱尔兰	1.26	1.19	1.11	0.76	0.99	1.03	1.01	1
希腊	0.6	0.84	0.66	0.58	0.58	0.69	0.77	0.87
西班牙	1.9	1.83	1.76	1.68	1.48	1.24	1.22	1.25
法国	1.39	1.6	1.59	1.45	1.46	1.28	1.24	1.21
克罗地亚	—	1.46	1.46	1.52	1.53	1.54	1.29	1.49
意大利	1.32	1.27	1.22	1.19	1.14	1.08	1.03	1.02
塞浦路斯	1.02	0.99	1.07	1	0.97	0.86	0.81	0.73
拉脱维亚	0.81	0.74	0.46	0.36	0.38	0.4	0.38	0.43
立陶宛	1.42	1.22	1.15	1	0.95	0.99	1.01	0.99
卢森堡	0.97	1.11	1.18	1.27	1.38	1.56	1.73	1.7
匈牙利	0.77	0.86	0.9	0.72	0.59	0.7	1.32	0.57
马耳他	0.34	0.35	0.37	0.54	0.52	0.65	0.67	0.55
荷兰	1.71	1.65	1.63	1.6	1.65	1.54	1.59	1.59
奥地利	1.28	1.37	1.39	1.46	1.55	1.51	1.58	1.53
波兰	0.72	0.68	0.74	0.8	0.71	0.83	0.86	1.02
葡萄牙	1.63	1.94	1.99	1.9	1.99	1.9	1.86	1.81
罗马尼亚	0.97	1.01	0.73	0.7	0.68	0.58	0.58	0.62
斯洛文尼亚	1.22	1.14	1.4	1.22	1.19	1.09	0.81	0.87
斯洛伐克	0.57	0.74	0.82	0.89	1.13	1	0.95	0.91
芬兰	1.99	1.94	1.95	2.02	1.94	1.84	1.73	1.68

表5-2(续)

年份（年） 国别	2008	2009	2010	2011	2012	2013	2014	2015
瑞典	1.51	1.5	1.62	1.64	1.57	1.64	1.6	1.62
英国	1.47	1.31	1.28	1.23	1.2	1.17	1.28	1.28

数据来源：欧洲统计局官网 http://ec. europa. eu/eurostat/data/database。

（三）研究资金配置的竞争性原则

研究资金是否得到有效配置能体现一国研究创新系统的有效性。以项目的发展前景和竞争力决定项目资金的分配，在机构评估的基础上以机构研究创新能力的卓越性决定机构资金分配的数量，既能够使有限的公共资金得到最佳利用，也能激发研究机构的研究和创新积极性，有利于进一步提高所产出的知识的质量和知识转化率。目前，以项目竞争力决定公共资金投入的方式已经在所有成员国采用，并且有21个国家将此写入国家研究与创新战略中。2014年的"欧洲研究区调查"显示，接受调查的成员国中，平均64%的公共资金配置是以项目的优劣为依据的，其中有4个成员国所有的公共资金配置都采用此种方式。对项目进行同行评议的方式也已经被所有成员国采用，这些措施有利于提高国家研究与创新财政支出的效率。政府对公共机构的拨款建立在机构评估的基础上，是有效使用公共资金的又一种措施，已经有17个成员国采用了这种方式配置机构资金。在接受"欧洲研究区2014年调查"的22个国家中有18个国家的研究基金机构在进行机构资助时采用这种资金配置方式①。2016年的《欧洲研究区发展报告》显示，所有成员国均在不同程度上使用了竞争性的方式配置机构资金。

但是成员国在分配公共研究资金的具体方式上还有很大不同，还没有在成员国间建立一个共同认可的具体实施准则，不利于对跨国研究与创新项目和跨国研究机构的资助。

二、跨国合作和竞争

优化跨国合作和竞争是欧洲研究区优先发展的领域之一。欧洲研究区作为一个跨区域创新系统，知识是其最核心的流动要素，开放性是其生命力的重要标志。通过跨国合作，将不同国家的最优秀研究者集中于同一个项目中，本身就是竞争性原则的体现，同时又在竞争的基础上实现各国优势互补，加强合

---

① European Commission. European Research Area Facts and Figures 2014 [R]. 2014.

作，共同促进知识的创造和转化。只有加强欧盟内部成员国之间的合作并积极开展国际竞争与合作才能有利于最先进知识的引进和流动，才能形成优势互补并达到规模效益，才能通过良性竞争为创新提供不竭的动力。欧洲研究区的跨国合作和竞争包括两个方面：一是欧洲研究区内各成员国之间的合作与竞争，二是成员国与非成员国的第三国之间的国际合作与竞争。跨国合作既体现在国家层面的合作，也体现在创新相关机构之间的跨国合作。欧盟通过"框架计划"加大对促进成员国之间项目合作的各类平台工具的资助，有力推动了跨国研发合作。通过"欧洲研究区网络计划"可打造欧盟的研究网络，通过"联合项目计划""185 条款行动"等措施可推动成员国之间的合作以及产学研之间的跨国合作，得到了成员国的广泛参与；通过各种形式的政府间研究组织，如欧洲核研究组织（CERN）、欧洲分子生物学实验室（EMBL）及多国参加的论坛加强了成员国间的交流，有利于促进成员国之间的进一步合作。对欧洲研究区内跨国研究与创新合作情况主要从成员国开展跨国合作的战略制定、成员国及研究机构对跨国研究合作项目资助和参与程度、参与研究基础设施的共建和共享的程度三方面进行评价。

（一）成员国关于开展跨国合作的战略

随着成员国之间的跨国合作项目数量增加，越来越多的成员国制定国家研究与创新发展战略时将跨国合作作为重要内容，《欧洲研究区发展报告 2014》中指出已经有半数以上的成员国将鼓励跨国研究合作纳入了国家研究与创新战略，比较明确的有奥地利、保加利亚、捷克、德国、丹麦、西班牙、法国、匈牙利、意大利、马耳他、波兰、罗马尼亚、荷兰、葡萄牙、瑞典、爱沙尼亚、斯洛文尼亚[1]。2017 年 1 月发布的《欧洲研究区发展报告 2016》中的数据显示，24 个成员国已经制定了"欧洲研究区国家行动计划：2015—2020"[2]。随着成员国之间的跨国合作项目数量增加，越来越多的成员国制定国家研究与创新发展战略时将跨国合作作为重要内容，目前已经有 16 个成员国将鼓励跨国研究合作纳入了国家研究与创新战略。联合项目行动在成员国中的影响作用加强，一些成员国根据其参与的跨国联合研究项目相应地制定国家相关研究领域的行动方案、路线图和战略，这也是履行其联合项目行动战略研究日程中的承诺的表现。

---

① European Commission. European Research Area Progress Report 2014 ［R］. 2014.

② European Commission. European Research Area Progress Report 2016 ［R］. Brussels，2017.

（二）成员国对跨国研发合作的资助

1. 对成员国之间合作项目的资助

《欧洲研究区发展报告2013》显示，在欧盟内部，60%的研究基金机构除"框架计划"外还至少参与过一项跨国合作项目。根据"欧洲研究区2014年调查"的结果显示，参与调查的研究基金机构平均将研发支出的1.42%用于成员国的合作研发，可见基金机构对跨国项目资助的比例还比较低。而且不同成员国的基金机构对成员国联合研发的投入比重差别很大，最低的国家为0，最高的国家可以达到近30%。有13个成员国的基金机构对成员国联合研发投入高于欧盟平均水平，其余15个成员国低于欧盟平均水平甚至没有投入任何资金到成员国联合项目中。而这15个国家中，只有保加利亚、捷克、德国、希腊、西班牙和斯洛文尼亚六国明确地支持联合研究的行动。可见，欧盟成员国之间跨国合作项目的资金支持仍然主要来自于欧盟，成员国对跨国研发合作项目的资金支持力度还很不够。2016年的《欧洲研究区发展报告》中，数据显示用于欧洲范围跨国合作公共研发项目（包括双边或多边）的政府预算总支出显著增长，参与联合项目的国家数量也有所增长，跨国合作的科学著作和论文数量也在持续增长。

2. 对国际研发合作的支持

国际合作的参与程度反映了欧洲研究区的开放性，开放性是保持创新系统先进性与卓越性的重要前提。随着全球化发展趋势的增强，成员国对国际合作的关注也在加强，9个成员国已经在增加国际科研合作方面制定了特别条款。欧洲研究区国际合作的发展程度主要反映为成员国对其与第三国开展科研合作的支持力度。奥地利、捷克、德国、丹麦、法国、意大利、荷兰、罗马尼亚、瑞典、斯洛文尼亚、斯洛伐克和英国12个成员国对国际合作有明确的支持行为，而且还不断采取新措施进一步支持国际合作。根据"欧洲研究区2014调查"，17个成员国的研究基金组织平均将预算的0.7%投入与第三国的合作项目中，其中德国在这方面的预算比重最高，达到4.3%。19个成员国中有的将资金投入国际科研合作中，投入国际合作中的资金占总研发资金投入比重的欧盟平均值为2.4%，其中6个国家高于欧盟平均水平，其中德国、丹麦、法国、荷兰和英国五国对国际研发合作有政策支持。而在保加利亚、塞浦路斯、爱沙尼亚、克罗地亚、匈牙利、爱尔兰、卢森堡、马耳他和斯洛伐克9个国家中没有关于国际科研合作的预算支出。

大部分成员国都有开展跨国研发合作的意愿，但跨国科研合作在各国开展的程度有很大不同。在跨国研发公共资金支出上，成员国之间有很大差异，如

表 5-3 所示。

表 5-3 　　　　2015 年欧盟成员国投入跨国研发的公共资金
占全部公共研发资金的比重表①

类别国别	投入跨国研发的公共资金(百万欧元)	总研发公共资金(百万欧元)	跨国研发公共资金/总研发公共资金%
比利时	250.889	2 537.333	9.89
保加利亚	3.065	108.636	2.82
捷克共和国	38.982	1 020.191	3.82
丹麦	68.578	2 736.992	2.51
德国	1 068.33	26 532.81	4.03
爱沙尼亚	3.3	140.455	2.35
爱尔兰	18.7	736.3	2.54
希腊	31.38	923.02	3.40
西班牙	342.048	6 042.343	5.66
克罗地亚	7.904	357.643	2.21
意大利	702.4	8 371.6	8.39
塞浦路斯	2.492	59.655	4.18
拉脱维亚	3.1	46.6	6.65
立陶宛	1.824	122.053	1.49
卢森堡	5.327	317.191	1.68
匈牙利	7.946	310.195	2.56
马耳他	0.051	24.316	0.21
荷兰	155.454	4 879.716	3.19
奥地利	128.145	2 744.844	4.67
葡萄牙	34.55	1 755.61	1.97
罗马尼亚	32.635	413.035	7.90
斯洛文尼亚	11.341	159.832	7.10

① 跨国研发的公共资金包括欧盟成员国之间的合作研发也包括成员国与非成员国的第三国的合作研发,此表缺法国、波兰的数据。

表5-3(续)

类别 \ 国别	投入跨国研发的公共资金(百万欧元)	总研发公共资金(百万欧元)	跨国研发公共资金/总研发公共资金%
斯洛伐克	7.409	330.736	2.24
芬兰	71.59	2 001.6	3.58
瑞典	173.197	3 542.204	4.89
英国	726.371	13 939.515	5.21

数据来源：欧洲统计局 http://ec. europa. eu/eurostat/data/database。

表 5-3 中可以看出，各国公共研发资金中投入跨国研发合作的比例差别很大，最高的比利时达近 10%，马耳他这一比重还不足 1%，这说明各国对于跨国研发合作的重视程度差别很大。这一指标的欧盟平均值为 4.04%，但超过平均值的只有 10 个国家，连德国都没有达到平均数，超过 5% 的国家有 7 个，可见成员国政府对于跨国合作研发的支持力度还有待加强。比起 2012 年的数据，整体水平还是有所上升，2012 年，这一指标的欧盟平均值为 3.54%，超过 5% 的国家仅有 3 个。从数据来看，成员国对跨国研发合作的支持与其创新能力无关，比如高度创新国家卢森堡对跨国科研合作的支持度很低，而创新能力低的拉脱维亚在跨国科研合作方面的投入比重远高于欧盟平均值，说明这与成员国政府的认识有关。有些成员国对跨国科研的重视度不够，开放性不高。

（三）研究基础设施的共建和共享

研究基础设施是开展研究创新的基础条件，尤其是在一些重大科研项目中，科研设备设施起到很关键的作用，研究基础设施的先进性也是创新系统先进性和吸引力的重要影响因素。促进研究基础设施（RIs）共建和共享是欧洲研究区建设的重要内容之一，是促进欧盟成员国开展合作并促进科技进步和创新的有力工具。欧盟十分重视整合成员国资源，致力于在欧盟范围内建设世界级研究基础设施并实现重大研究基础设施的共建和共享。欧盟成立的"欧洲研究基础设施战略论坛"（ESFRI）在推动欧盟范围内研究基础设施的共建和共享方面起了重要作用。ESFRI 确定了研究基础设施路线图，预计 2015 年完成路线图中 60% 的研究基础设施项目建设，截至目前，目标已经基本完成。最新修订的 ESFRI 路线图所确定的优先建设设施已经被竞争委员会于 2014 年 5 月批准，成员国和欧盟委员将会一起为实现目标而努力。欧盟于 2009 年制定的《欧洲研究基础设施联盟规定》（《European Research Infrastructure Consortium Regulation》，ERIC）希望对研究基础设施的建设和使用进行法律监督，通过不断进行经验交流以改进未来的应用。虽然其在成员国中批准的进程非常缓慢，但《欧洲研究基础设施联盟规定》为建立和运作泛欧研究领域的基础设施提供了强有力的支持，这个法律工具将有助于在成员国中进一步推进欧洲研究区建设。欧盟 22 个成员国已经制定了国家研究基础设施发展路线图，其中有 21 个国家希望本国的路线图有助 ESFRI 的发展，但只有丹麦、瑞典和英国三个成员国对包含在 ESFRI 路线图中的研究基础设施有资金支持。保加利亚、希腊、芬兰、法国、匈牙利、意大利、立陶宛、荷兰、波兰、罗马尼亚、斯洛伐克和英国 12 个成员国制定了增强研究基础设施竞争力和开放性的战略，并且在奥地利、丹麦、希腊、西班牙、匈牙利、爱尔兰、立陶宛、荷兰、葡萄牙和英国实施有关于增强研究基础设施竞争力和开放研究基础设施的具体支持措施。欧盟成员国的政治承诺和资金支持是进一步推进欧盟研究基础设施共建和共享的最重要因素，目前成员国在这方面的具体行动、措施还欠缺。接受调查的研究机构中有 37% 的机构认为跨界使用研究基础设施存在困难，主要由于复杂的跨国使用制度、高成本及设施信息不充分共享。这些都是未来欧洲研究区建设中需要解决的问题。

三、开放的研究人员劳动力市场

研究人员是研究和创新的核心要素，研究人员的创新能力直接决定了欧洲研究区的创新能力，研究人员的跨区域和跨部门流动有助于提升研究人员的研究和创新能力。数据显示，流动性强的研究者的研究影响力比从来没有到国外进行过交流的研究者高近 20%。建立一个开放的有吸引力的欧洲研究人员劳动力市场，吸引全世界最优秀的研究人才并扫清研究人员自由流动的障碍是欧洲研究区的重要目标之一。

欧盟的国家负责本国的教育和培训体系，但是欧盟帮助各国设置共同的目标并分享好的经验。近年来，欧盟、成员国和研究利益相关机构已经采取了一系列措施，清除妨碍研究人员自由流动的障碍，欧盟也加大了相关投入的资助力度。在改革招聘机制、加强博士生培训和提高研究职业的吸引力方面已经取得了一些成就。

成员国在开放研究人员劳动力市场、促进研究人员流动、增强研究职业吸引力方面的进展不同。有些成员国缺乏公开、透明、以能力为重的研究者招聘机制；有些成员国由于教育培训的缺乏使一些处于职业生涯早期的研究者的能力还不能达到市场要求；有些成员国研究职业工作条件有待提高，缺乏吸引力。与跨国流动相比，欧盟国家人才的跨部门流动比较缺乏，欧洲研究者在企业中就业的比重相对较低，一方面是由于学术界和企业界缺乏联系，另一方面是由于研究者缺乏创新实践能力及创业意识。

阻碍研究人员自由流动的障碍主要有：缺乏开放、透明、以能力为重的招聘机制；教育培训的不足使研究人员能力不足；研究的工作条件差，缺乏对人才的吸引力。因此判断各成员国在开放的研究人员劳动力市场方面的建设程度，主要从其人才招聘方式、教育和培训质量、研究职业生涯的改善以及研究者流动情况来进行。

（一）人才招聘方式

开放、透明、以能力为重的招聘机制是打造开放的、有吸引力的劳动力市场的重要前提，而且招聘机制的优劣也影响研究团队的研究与创新能力。欧盟发展EURAXESS 网络服务使研究岗位的招聘信息得到更多的公开发布，有些成员国规定公共机构的研究职位招聘信息必须发布在 EURAXESS 上。《欧洲研究区发展报告 2016》中显示，2012—2014 年，欧盟 28 国的年平均增长率达到了 7.8%。

目前，已经有成员国将开放、透明和以能力为重的招聘机制纳入法律范畴以保证其执行。一些利益相关者组织，如欧洲研究型大学联盟（LERU）在其成员中也大力推这种招聘机制。成员国及研究相关机构都认可这种招聘机制，但执行情况在各成员国间有很大不同。2014 年，"欧洲研究区调查"显示，平均约 40% 的在欧洲大学工作的研究人员对招聘的公开程度不满意，不同国家的这一指标的数值差异很大。如图 5-1，纵轴代表满意度，从图中可以看出，在英国约有 22% 的研究人员对招聘的公开程度不满意，在葡萄牙约有54% 的研究人员不满，在希腊感到不满的研究人员达到 55%，在意大利达到了 69%。

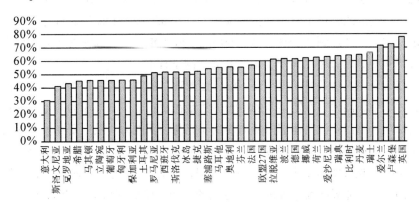

图 5-1 欧盟国家高校研究者对招聘职位公开程度的满意度

图片来源：欧盟文件 SWD（2014）280 final。

从图 5-1 可以看出，虽然欧盟各成员国都声明已经在研究职位招聘中遵循开放、透明和以能力为重的原则，但是执行情况并不能令一线研究者满意，有 10 个国家的满意度甚至不能达到 50%。由于这项招聘原则不是在所有成员国中采取法律手段强制遵守，因此造成执行效果差异很大。欧洲研究区人力资源和流动性指导组（SGHRM）于 2014 年 9 月成立了一个工作组，专门负责策划开放、透明、以能力为重的招聘方式相关的工作，包括指导方针和主要事务，建立了有助于机构进行自评估的标准，以便于机构进行自我调整。工作组还提供了促进组织实行开放、透明、以能力为重招聘方式的步骤指导。《欧洲研究区技术报告 2016》显示，大部分的成员国都提高了招聘过程的透明性，尤其是在招聘基层研究人员中，公开透明原则运用得较为充分，但对于高级研究人员来说一般还是基于内部联系，如曾经的合作中建立起的关系。

（二）教育和培训

教育是培养研究人才的手段，培训是使研究人员进一步适应社会和工作需要的保证。欧盟对科研人员的定义为满足下列条件的人员：已经完成了高等教育或虽没有完成高等教育但是具备同等能力并从事科学技术职业的人员。

欧洲的研究人员数量在世界上处于领先地位，但与美国和日本相比，研究人员在劳动力中所占的比重较低。要提高总人口中研究人员的比重，就要设法提高接受高等教育的人数，欧盟各国在这方面取得了较大的进步。截至 2013 年年底，欧盟 30 岁至 34 岁的人口中接受了高等教育的人口比重从 2000 年的 22.9% 增长到了 36.8%，增长了 60%，欧盟 28 个成员国在这方面都取得了一定的进展，从 2012 年到 2013 年，平均增长了一个百分点。16 个成员国的这一比重已经达到或超过了 40%，提前完成了"欧洲 2020 战略"的目标。比重最高的爱尔兰已经达到了 53%。从 2000 年到 2011 年，欧盟国家新增博士生数量增长了 60%，增长率略高于美国，并远远高于日本。

仅有研究人员数量的提高还不够，还要通过提高教育和培训质量以提高研究人才的创新能力。欧盟培养的博士生数量在增长，但刚毕业的博士生往往不具备除学术部门外的其他部门所需要的研究与创新能力。欧洲研究者在私人企业中就业的比较少，只占总研究人员的 45%，而美国的这一比例是 78%，日本为 74%。这说明博士生缺乏全面的培训，只有 1/10 的初级研究者在攻读博士期间有在产业界接受培训或申请专利的经历。欧盟理事会于 2011 年批准了"创新型博士培训"的七项原则，致力于培养年轻研究者的研究能力和知识转化能力以胜任各部门的工作。据 2013 年开展的对 16 个国家中 20 所大学的调查显示，"创新型博士培训"的原则在大学中被广泛采纳，并被视作指导性原则。一些成员国通过共同开展研究项目、联合培养，增进跨部门交流等措施提高研究者的研究能力。一些与研究有关的利益相关组织也在提高研究人员培训方面做出了有益尝试，如德国研究基金会成立了研究培训团队和研究生院以提高博士生的培养质量；维也纳生物中心新增了科研协调员的职位，负责开展培训课程和增强信息交流等；卢布尔雅那大学注重采用多学科培养博士，在博士培养过程中，其接受的教育和进行的研究都是跨学科的。

（三）清除阻碍研究人员流动的障碍

研究人员的跨国交流对培养卓越研究人才是必要的。大约有31%的欧洲博士后研究人员在十年内有在国外工作超过 3 个月的经历。80%的研究者认为交流经历对其提高研究能力有积极影响。超过60%的研究者认为交流经历增加了其研究产出，包括成果数量及被引用率、专利、合著成果的数量等。55%的研究人员认为交流促进了其职业发展。由于欧盟各国之间存在不同的社会与劳动法，研究人员尤其是公共机构的研究人员跨国流动并不容易。欧盟与成员国一起采取了一系列措施促进研究人员流动。如欧盟通过 EURAXESS 提供研究职位信息并为研究人员流动提供信息和服务；修订了科学签证指令，以方便第三国的研究人员来欧盟国家交流。2014 年 12 月 16 日，欧盟宣布要建立一个为期 4 年的、20 亿欧元的框架协议以支持建立欧洲研究机构的退休储蓄工具（Retirement Savings Vehicle for European Research Institutions，RESAVER），在这个体系下，科研人员只须隶属于一项养老计划，他们在跨国或在不同的研究机构之间流动时，他们的社保福利能够得到保障，从而打消研究者跨界流动的顾虑，到2016 年，这项补充福利基金已经启动。"玛丽·斯克沃多夫斯卡·居里行动"对研究人员培训和交流进行资助，对促进研究者跨国流动具有重要意义，有利于吸引优秀的研究者到欧洲来。成员国也在国家层面为促进研究人员的流动开展一系列行动，为处于研究生涯初期的研究者提供交流资助，如波兰的"哥伦布"项目为优秀的年轻学者提供奖学金并让他们在世界顶级的研究中心交流半年到一年。一些国家对参与交流的研究者进行税收减免等激励手段。

成员国也为促进研究人员的跨部门流动采取了多种措施，包括在大学、研究机构和私营企业之间建立合作伙伴关系，共同开发项目，对科研项目进行商业转化，在企业中开展研究培训，使研究人员在不同部门进行交流，培养产业界的博士等。如葡萄牙的波尔图大学与其他大学和企业合作，由国家出资加强大学和企业在培养博士生方面的合作。但尽管如此，研究人员部门间的流动还是十分缺乏。

（四）提升研究职业生涯的吸引力

拥有第一流的人才是实现欧洲研究区的重要保障。研究者所在的国家、区域能否给研究者提供有竞争力的薪资、能否给研究者提供没有后顾之忧的社会保障和保险、能否提供一流的工作条件、研究者能否具有一个有发展前景的职业生涯、研究项目能否具有重大社会意义和良好的发展前景，这些都成为是否能够吸引研究者的关键条件。欧盟颁布了《欧洲科研人员宪章》和《招募科研人员行为准则》，并基于此制定了研究人员的人力资源战略，希望促使研究职业成为更具吸引力的职业。这两个文件也在成员国得到了广泛支持，欧盟及欧盟以外的35个国家的480个机构都在这两个文件的指导下制定了相应的改善研究职业条件的措施，但从整体上看，执行效果并不理想。2012年的《欧洲研究区发展中的有潜力的待开发领域》报告中指出，有4/5接受调查的研究者都认为研究者的职业生涯是需要引起关注的，说明研究人员对其职业还不够满意。如果不有效改善研究者的工作条件，将会造成研究人才的流失。

欧洲研究区内的各主体未来要进一步提供更公平的工作机会、更有效的培训、更有前景的职业生涯、更好的研究环境、更好的社会保障，从而使科研人员各尽其用，享受公正待遇，消除研究者的流动障碍，提升研究人员的创新能力并提高欧洲研究区对全世界优秀科研人才的吸引力。

四、研究领域中的性别平等问题

在"欧洲2020战略"中，解决性别不平等问题是一项重要内容。欧盟委员会正在制定新的性别平等方面的规定，以期达到在研究周期的不同阶段都实现性别平等。研究领域和研究相关机构决策层的性别平等不仅会减少性别歧视造成的女性研究人才的浪费，也有助于提高研究和创新相关决策的科学性。由于性别差异，男女看问题的角度是不同的，而且同样的事物带给男女的影响也是不同的，因此预测一项创新成果的社会影响时应该听从不同性别人事的建议才能做出科学决策，这有利于使科研成果顺利实现市场转化。实现研究领域和研究决策领域性别平等对实现"需求为导向的创新"具有重要意义。欧洲研究区优先发展，其目的之一就是为了解决研究领域的性别不平等问题。随着欧盟女性科研人员数量的增加，这一问题已经引起了欧盟和各成员国的重视。对改善研究领域中性别不平等问题的效果评价主要从研究领域的性别平等情况和研究相关机构决策过程中的性别平等情况两个方面进行。

(一) 研究领域的性别平等

已经有17个成员国针对公共研究领域的性别平等问题制定了国家政策。分别是奥地利、德国、比利时、捷克、丹麦、保加利亚、爱沙尼亚、希腊、西班牙、芬兰、法国、克罗地亚、立陶宛、瑞典、斯洛文尼亚和英国，其中奥地利、保加利亚、希腊、西班牙、芬兰、法国、克罗地亚和波兰针对研究领域的性别平等问题制定了特别法案。在制定了公共研究领域性别平等相关法律和发展战略的国家中，大部分研究机构也制定了研究人员招聘和晋升中的性别平等方案。虽然这些措施体现了欧盟各国性别平等意识的提高，但是执行相关政策和措施的力度不够，执行情况在成员国之间也存在较大差距。欧洲统计局的数据显示，2011 年女性研究者的比重在绝大多数成员国中都不足 50%，有 7 个国家女性研究者的比重甚至不足 30%。接受 2014 年"欧洲研究区调查"的欧盟各国的研究基金机构中，通常在其选择的研究项目中能关注性别平等问题的机构，在欧盟的平均值能达到 82.2%，虽然这个比例还比较高，但是有 22 个成员国的数值都低于这一平均值，甚至有的研究基金机构根本就没有考虑过性别平等问题，欧盟只能确定这 22 个国家中的 9 个国家有在公共研究机构中推进性别平等的战略和措施。所以说，在提高性别平等问题上，各成员国的差距是非常大的。为了解决性别平等问题，大部分的研究执行机构采纳或执行了"性别平等计划"（Gender Equality Plans），根据 2014"欧洲研究区调查"显示，64%的接受调查的研究执行机构执行了这一计划。但不同国家的研究机构在执行效果上差别很大。只有奥地利、德国、芬兰、法国、马耳他、荷兰、瑞典、英国 8 个成员国的研究执行机构中执行这一计划的机构比重高于欧盟的平均值。在未达到平均值的其余 20 个成员国中，有 10 个成员国没有任何关于改进性别不平等问题的政策，分别是塞浦路斯、匈牙利、爱尔兰、意大利、波兰、罗马尼亚、斯洛伐克、卢森堡、拉脱维亚和葡萄牙。

奥地利、比利时、德国、丹麦、希腊、西班牙、克罗地亚、荷兰、瑞典和英国有关于在公共研究机构中支持招聘女性研究人员的措施。59%接受调查的研究执行机构执行了招聘和晋升女性研究人员的政策，然而这一政策在不同成员国的执行情况仍然有很大差别，只有 9 个成员国高于欧盟平均值。在低于欧盟平均值的 19 个国家中，有 14 个成员国没有任何有关招聘女性研究者的政策。因此总体来说，欧洲研究区建设中，大部分成员国在实现研究领域的性别平等方面的工作还很不到位。

（二）研究决策过程中的性别平等问题

有 20 个成员国在提高研究决策过程中的性别平等方面做出了各自不同的举措。有的体现为提高女性职位级别，有的体现为在决策中平衡不同性别人数比重，有的体现提高女性待遇等。高等院校和研究机构决策层中的女性比例比较低，在欧盟，只有平均 18%的研究机构的领导人为女性，且有 15 个成员国的这一指标值尚低于平均值。不同成员国在这一指标上差别很大，希腊女性领导的研究机构在所有研究机构中的比重为 5%，而卢森堡的这一比重为 50%。欧盟成员国的高等教育机构中，董事会成员中平均只有 36% 的是女性。但只有 4 个成员国的比例高于此平均数，分别是瑞典为 49%，芬兰为 45%，克罗地亚和葡萄牙为 38%。还有一些欧盟国家女性在研究机构决策层中的比重小于 20%，如捷克为 12%，卢森堡为 15%，意大利为 17%，立陶宛为 18%，匈牙利为 19%。

女性的意见往往在研究决策中未能被充分代表，这会影响女性在研究决策中的参与性。通常认为在决策小组中至少要有 40% 的女性，女性的意见才能充分被代表。但根据 2014 "欧洲研究区调查"，只有 35.8% 的研究评估机构将这一性别构成比例作为其要实现的目标。虽然研究和创新领域中的性别平等问题已经引起了成员国更多的关注，然而改革的步伐还是太缓慢，研究工作中的性别歧视问题、尤其是决策层中女性研究人员缺乏的问题仍然存在。研究相关机构的制度改革是必要的，并且要加强欧盟层面的制度协调性。目前，"相关利益者平台"的各成员已经重视克服成员国关于公共研究机构性别平等方面差异的问题。欧盟也已经加大了解决性别不平等问题的资助力度，每隔三年发布"她数据"（She Figures），使性别不平等问题得到广泛关注，在其所有的专家组成员中推行 40% 的性别代表性原则。只要从欧盟到成员国的政府再到研究相关机构都重视这个问题，相信研究界的性别不平等问题一定会慢慢改善。

五、科学知识的流通、获取和转化

知识是创新系统中的核心要素，科学知识的流通、获取和转化直接影响着创新的效果。欧洲研究区建设的重要内容之一就是使知识得到自由而有效的流动，主要通过三个途径：第一，使科学家、研究机构、企业和公民能够便利地获取、共享和使用现存的科学知识。第二，加强研究界、产业界和教育界的联系，通过开放式创新增强公共科研机构和私人企业部门之间的知识转化。第三，通过建设数字化欧洲研究区使得研究者通过网络在线使用电子设施和数字化研究服务，进行合作研发或计算和获取科学信息，从而有利于在研究过程中开展有效的合作。因此，对这一优先领域的建设情况也主要从这三方面进行评价。

（一）科技出版物和数据的开放获取

科技出版物和数据的开放获取会产生重要的经济和社会效益。在欧洲，越来越多的大学、研究中心和基金机构支持研究出版物和数据的开放获取。欧盟通过制定相关政策、资助及参与相关项目来支持将通过同行评议的研究成果实现开放获取，还积极通过欧洲研究区 "利益相关者论坛" 组织敦促研究机构积极展开相关行动。2014 年的《研究人员报告》显示，有 20 个成员国采取了特别措施以支持研究出版物的开放获取，但是只有 5 个国家对研究数据的开放获取制定了专门的制度条款，有 6 个成员国将促进开放获取写入成员国法律，分别是波兰、西班牙、瑞典、立陶宛和匈牙利①。《欧洲研究区发展报告 2016》显示，已有 24 个成员国制定了关于支持开放式获取的相关政策。但开放获取和再利用研究数据仍在法律、技术、经济成本、相互信任度和社会文化方面存在障碍。各成员国政策的差异性和行动的分散化还不能真正达到实现开放获取的条件。

出版物和数据的开放获取是有成本的，因此研究基金组织的作用很关键，但是据"2014 年欧洲研究区调查"结果显示，对开放获取通常给予支持的基金组织只占 44.6%，说明支持出版物和数据的开放获取并没有成为成员国的基金机构的普遍行为。研究执行机构是出版物和数据的主要提供者，所有参与"2014 欧洲研究区调查"的研究执行机构声明其曾经将研究数据免费放在互联网上，但是经常这样做的机构只占 19.4%。这些数据都体现欧盟成员国之间的科技出版物和科学数据的开放获取还很有限，阻碍了科学知识的流通。

（二）促进知识转化

提高知识转化能力是实现创新的关键，目前欧盟成员国都采取了促进知识转化的战略；注重知识转化行为的专业化，建立负责知识转化的专门机构并加强其工作；加强学术界和产业界之间的联系，建立战略伙伴关系，联合研发。大部分成员国都已制定促进知识转化的相关政策，但较缺乏资金支持。16 个成员国执行了加强知识转化的国家战略，包括奥地利、比利时、保加利亚、捷克、德国、丹麦、爱沙尼亚、法国、克罗地亚、爱尔兰、立陶宛、卢森堡、拉脱维亚、荷兰、波兰和瑞典。在这些国家中，绝大多数都有战略配套资金。奥地利、荷兰、拉脱维亚、波兰和英国建立了知识转化国家网络。比利时、德国、丹麦、爱沙尼亚、法国、卢森堡、拉脱维亚、马耳他、荷兰、罗马尼亚和瑞典支持知识转化活动的专业化。

根据"2014 欧洲研究区调查"，几乎所有成员国的研究基金组织支持对其资助的项目进行转化，经常支持这项工作的基金组织占欧盟平均值的 69.3%。但成员国之间的差异性很大，超过这一平均值的成员国只有 8 个。在低于平均值的欧盟成员国中，只有 8 个成员国有相关的知识转化战略。目前，很多研究

---

① 开放式获取指读者可以在互联网上获取免费的科学信息，这种科学信息一般有两类：一类是经过同行评议的发表在学术期刊上的科研论文；一类是科学研究数据。

执行机构都有专门的知识转化机构，体现了其对知识转化的重视。调查显示，平均70%的研究执行机构设有技术转化办公室。超过50%的研究执行机构有负责知识转化的专业人员。

科技成果转化能力低下是影响欧盟创新能力的重要因素，从上述数据可以看出，无论是成员国政府还是研究基金机构和研究执行机构，对知识转化的重视度都在提高，但是还有待进一步加强具体措施的执行力度。

加强高校、公共研究机构和企业的知识转化能力才能够实现创新并促进经济增长，才能够使研究资金得到有效的利用。增强知识转化的有效途径就是增强高校、研究机构和企业之间的联系，政府也应该设置负责知识转化的专门机构，使知识转化活动真正成为一种专业化活动。

（三）数字欧洲研究区

在信息化高速发展的时代，数字化是知识生产、获取和转化的重要手段。一些成员国已经采取了措施，发展数字化的欧洲研究区以实现在线获取研究资源和服务以及在线进行研究合作。数字欧洲研究区有助于实现各主体间便捷而紧密的联系，有助于各主体的交流与合作，有助于知识更便捷地流通。

据《欧洲研究区发展报告2013》显示，在发展数字化欧洲研究区领域，已经有7个成员国采取了广泛的支持行动，如制定有关数字化研究服务的规定、发展电子研究设施和无缝电子获取技术。至少还有14个成员国在发展数字化欧洲研究区方面有一些举措，如一些成员国发展数字化服务和电子研究设施，一些成员国发展电子设施和电子获取，至少11个成员国已经制定了关于研究者电子身份认证的相关规定。欧洲研究区建设中，有影响力的利益相关组织——北欧应用研究合作组织（NordForsk）一直致力于发展电子科研[①]，其成员国丹麦、芬兰、冰岛、挪威和瑞典已经签署了一项为期十年的协定，共同发展先进的科研信息通信服务。《欧洲研究区发展报告2013》显示，接受调查的机构中，20%的研究基金机构对发展和从事数字研究服务进行资助，超过50%的研究执行机构已经提供过多种形式的电子服务，如数据库、软件提供和计算服务。在欧盟，超过40%的研究执行机构参加了研究人员的电子身份联盟计划。

对欧洲研究区五大优先领域的建设情况进行分析后可以得出结论，欧洲研究区的建设在各个优先发展领域都取得了一定的进展，但是欧盟、成员国及各

---

① 电子科研由英国于2000年提出，是为了应对当时各学科研究领域所面临空前复杂化的问题，利用新一代网络技术（Internet）和广域分布式高性能计算环境（Grid）建立的一种全新的科学研究模式，即在信息化基础设施支持下的科学研究活动。

利益相关机构的发展程度不同。欧盟态度最积极，采取法律、政策、资金、合作平台等多种措施推进欧洲研究区的建设，而成员国政府的政策支持及执行情况差异很大，与研究有关的利益相关机构对欧洲研究区各项行动的具体执行情况也差别很大。未来只有各主体进一步团结合作，将欧洲研究区的各项发展措施落到实处，才能扫清欧洲研究区建设的障碍。

第二节　欧盟创新能力评价

欧洲研究区是在 2000 年制定"里斯本战略"之时提出的，"里斯本战略"的最根本目的是通过提升创新能力使欧盟成为世界上最有竞争力的经济体。可见欧盟是将欧洲研究区的设立作为提升欧盟创新能力的途径，建设欧洲研究区是近些年来欧盟在提高其创新能力方面最重要的发展举措之一。欧洲研究区的最终目标是通过提升欧盟创新系统的效率、效果和卓越性从而提高欧盟的创新能力，泛区域创新系统是否有效也要从其是否提高了整个系统的创新能力来判断，因此评价欧洲研究区的建设成效还应该对欧盟的创新能力是否得到提高进行评价。本节主要从创新竞争力、创新增长率、研发投入增长率和研究人力资源增长率几个方面来评价欧洲研究区在提高创新能力方面的建设成效。

一、欧盟的创新竞争力

创新竞争力的大小是与竞争对手比较得出的。欧盟每年都会发布《创新联盟记分牌》（Innovation Union Scoreboard，简称 IUS），记分牌评估的国家除了欧盟成员国和一些尚未加入欧盟的欧洲国家外，也对澳大利亚、巴西、加拿大、中国、印度、日本、俄罗斯、南非、韩国和美国进行评价，这些国家目前被欧盟视为在创新方面的主要竞争对手。

欧盟于 2016 年发布的《欧洲创新记分牌》，对欧盟和这几个国家的创新能力进行了比较。运用与研发行为相关的（包括人力资源，研究系统开放性、卓越性和吸引力，金融支持，企业投资，企业联系与创业，智力资本，经济影响）7 个维度的 12 个指标进行分析，如图 5-2 所示，用 12 个指标构建的综合指标体系对各国创新能力进行评价，横轴代表评价分数，得分从最低水平 0 到最高水平 1。可以看出，韩国、美国和日本的表现好于欧盟，尤其是韩国表现突出，创新能力排名世界第一。与传统竞争对手美国和日本相比较，欧盟仍处于落后地位。说明经过十几年的发展，当初"里斯本战略"所提出的赶超美国和日本，使欧盟成为世界上创新竞争力最强国的目标仍未实现。与其余国家相比，欧盟的创新能力处于领先地位。澳大利亚和加拿大分别为欧盟创新能力水平的62%和79%。与金砖国家（巴西、俄罗斯、印度、中国、南非）相比，欧盟的优势更为明显。中国目前的创新能力为欧盟水平的44%，但由于中国创新能力的增长速度要高于欧盟，因此中国正在逐渐缩小与欧盟在创新能力上的差距。可见欧盟在创新竞争力方面仍面临很大的压力，除美国、日本外，又出现了新的强劲对手。

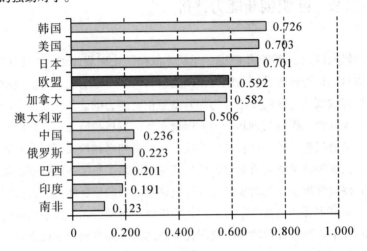

图5-2　2008—2015年欧盟及其主要竞争对手的创新能力图

图片来源：European Innovation Scoreboard 2016。

二、欧盟的创新增长率

《创新联盟记分牌》对欧盟成员国的研究和创新能力、以及研究和创新系统的相对优势和劣势进行了对比性评估。

如图5-3所示，2008—2015年韩国的创新增长率是欧盟的两倍多，因此韩国不仅创新能力强于欧盟，而且欧盟与韩国的差距在拉大。由于欧盟创新行为的增长率略高于美国和日本，因此欧盟与美国和日本的创新能力差距开始缩小，但追赶上美国和日本还有待时日。中国的创新增长率高于欧盟5倍多，正在快速追赶欧盟。所以欧盟面临的形势还是很严峻，要想成为世界上创新能力最强的国家，还需要大幅提高其创新增长率。

2016年的《欧洲创新记分牌》体现，在2008—2015年，欧盟国家创新系统的开放性、卓越性和吸引力得到了很大提高，增长率为2.9%，成员国之间的网络合作性以及国际合作性更强。中小企业间的创新合作也增加了，创新型中小企业之间的合作增长了 2.5%，海外授权和专利收入增长了 11.3%，说明欧洲企业的创新能力得到了提高，企业与公共或私营伙伴之间的合作增加。通过《欧洲创新记分牌 2016》可以看出，欧盟国家创新系统的开放性、科研人力资源、科技创新对经济的影响力等各项指标都有不同程度的改善，这些领域正是欧洲研究区致力于建设的方面，欧洲研究区建设中通过加强科研人员培训和流动，发掘科研人力资源最大潜力，提高了欧盟科研人力资源的质量；通过促进科技和创新的国际交流与合作，增强了欧盟成员国国家创新系统的开放性以及欧盟泛区域创新系统的开放性。可见欧洲研究区在科研人员教育、培训及增加流动性方面的工作以及提高创新系统效率、增加开放性方面的工作是有成效的。

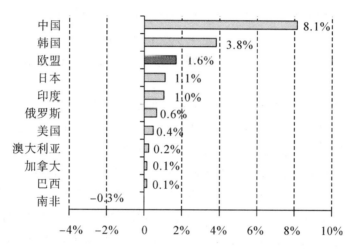

图 5-3　2008—2015 年欧盟与主要竞争对手的创新增长率图

图片来源：European Innovation Scoreboard 2016。

欧洲研究区建设在提高欧盟各国创新能力的基础上，加强各国的创新合作，将进一步推进欧盟整体创新能力的提高。

三、欧盟的创新投入

研发是创新链条的起始环节，增加研发投入是增强创新能力的必要前提。欧盟早在 2000 年 3 月的巴塞罗那峰会上就通过了一项重要决议，被称为"巴塞罗那目标"，即到 2010 年将欧盟的研发支出从当时占国内生产总值（GDP）的 1.9% 提高到 3%，其中 2/3 的投入来自私人企业。这个目标不仅在 2010 年未实现，到目前为止仍未实现。这个目标已经被纳入"欧洲 2020 战略"。欧盟估计，2020 年如果研发总支出达到 GDP 的 3%，将会到 2025 年创造 370 万个就业岗位，并每年度增加近 8 000 亿欧元的 GDP，因此实现"巴塞罗那目标"对促进欧盟经济增长和增加就业具有重要的意义。

表 5-4　　　　　　　　各地区研发支出占 GDP 比重表　　　　　　　单位:%

年份（年） 国别	2006	2007	2008	2009	2010	2011	2012	2013	2014	2015
欧盟 28 国	1.685	1.693	1.760	1.838	1.837	1.878	1.918	1.927	1.951	1.958
美国	2.550	2.627	2.767	2.819	2.740	2.770	2.706	2.742	2.756	2.788
日本	3.278	3.340	3.337	3.231	3.137	3.245	3.209	3.315	3.401	3.286
韩国	2.831	3.000	3.123	3.293	3.466	3.744	4.026	4.149	4.289	4.232
中国	1.369	1.373	1.445	1.662	1.710	1.775	1.906	1.990	2.021	2.067

数据来源: OECD https://data.oecd.org/rd/gross-domestic-spending-on-r-d.htm。

从表 5-4 中可以看出，与欧盟主要竞争对手相比，欧盟研发投入占 GDP 的比重最低，韩国的比重是欧盟的两倍还多，美国和日本也远远高于欧盟平均值，中国也逐渐赶超了欧盟。

目前欧盟的研发支出情况并不乐观，如表 5-4 显示，2015 年欧盟研发支出占 GDP 的比重约为 1.958%，要达到 3% 的比重还要增长 1 点几个百分点，而欧盟过去的 9 年间，这一比重值仅增加了 0.16 个百分点，如果不提高研发投入的增长速度，到 2020 年，"巴塞罗那目标"肯定是完不成的。

从表 5-5 中可以看出，欧盟 28 国的研发支出在持续上涨，只是在欧债危机开始蔓延的 2010 年略有下降。但从表中可以看出，对研发支出增长做出实质贡献的是企业部门，而政府部门、高等教育机构和私营非营利机构对研发的支出从 2010 年以来基本没有变化，高等教育机构在 2011 年还略有下降。尽管企业的研发支出一直在增长，但在所有部门研发支出中的比重尚未达到 2/3。因此总体来说，欧盟距离实现"巴塞罗那目标"还有一定的差距，仅靠企业的努力还不够，需要各部门共同努力。

表 5-5　　　　欧盟 28 国各部门研发支出占 GDP 的百分数表[1]

部门 年份(年)	所有部门	企业部门	政府部门	高等教育 部门	私人非盈利 部门
2005	1.76	1.11	0.24	0.4	0.02e
2006	1.78	1.13	0.23	0.4	0.02e

---

[1]　e 代表估计数值。

表5-5(续)

部门 年份(年)	所有部门	企业部门	政府部门	高等教育 部门	私人非盈利 部门
2007	1.78	1.13	0.23	0.4	0.02^e
2008	1.85	1.17^e	0.24^e	0.43^e	0.02^e
2009	1.94	1.2^e	0.26^e	0.46^e	0.02^e
2010	1.93	1.19^e	0.25^e	0.47^e	0.02^e
2011	1.97	1.24	0.25	0.46	0.02^e
2012	2.01	1.27	0.25^e	0.47	0.02^e
2013	2.02^e	1.29^e	0.25	0.47	0.02^e

数据来源：欧洲统计局。

欧盟各国对研发和创新的重视程度不同，一些国家认为研发和创新是经济增长和社会发展的关键要素，因此相关财政支持力度很大，即便在欧债危机的困难时刻也尽量保证了对研发与创新的投入。政府对研发与创新的支持分为直接支持和间接支持两种形式。直接支持一般可以直接体现为研发支出占 GDP 的比重，间接支持可以体现为对创新项目的减税优惠、政府采购等。

《欧洲创新记分牌 2016》显示，欧盟对创新的资金支持 2008—2015 年的增长率为−2.1%，其中有 17 个成员国都是负增长，欧盟风险资本对创新的投入更是下降了 5.9%。从 2007 年的美国次贷危机开始到 2009 年欧洲债务危机爆发并在欧洲逐渐蔓延，使很多欧洲国家陷入了财政紧缩的窘境，欧盟整体经济增长也受到了打击。创新投入肯定是受到了经济危机的影响，由于欧盟多个国家面临财政紧缩的压力，有些国家削减了创新投入特别是对跨国研发项目的支持，这些举措势必会影响欧洲研究区的建设进程。国家的财政紧缩与经济不景气也必然会影响企业对创新的投入以及风险资本对创新的投入。欧盟的科技创新投入绝大部分取决于成员国的投入，如果成员国对欧洲研究区的支持只是停留在从声明上表示支持，而不从最基本的增加创新投入着手做起，欧洲研究区的实现将遥遥无期。

四、欧盟科研人力资源状况

科研人员是实现创新的最重要资源。一国创新能力的强弱与科研人力资源的数量和质量有直接关系。

（一）欧盟科研人力资源的存量

《欧洲创新记分牌 2016》显示，2008—2015 年，欧盟科研人员数量有所增加，其中新增博士毕业生增长了 2%，30～34 岁年龄段的科研人员接受了高等教育的人口数增长了 3%。但与美国和日本相比，欧盟科研人力资源在劳动者中的比重仍然落后，如表 5-6 所示。

表 5-6　　　　　欧、美、日每千名劳动力中研究者的比重表　　　　　单位：%

年份（年） 国别	2007	2008	2009	2010	2011	2012	2013	2014	2015
欧盟 28 国	6.370	6.582	6.837	7.094	7.198	7.469	7.704	7.776	8.027
美国	7.644	8.066	8.801	8.479	8.814	8.733	8.933	9.103	9.139
日本	10.289	9.888	9.988	10.017	10.032	9.917	10.076	10.358	10.006
韩国	9.471	10.015	10.384	11.084	11.916	12.787	12.840	13.495	13.743
中国	1.890	2.107	1.520	1.591	1.725	1.830	1.928	1.973	2.090

数据来源：OECD, https://data.oecd.org/rd/researchers.htm#indicator-chart。

从表 5-6 中可以看出，虽然欧盟每千名劳动力中研究者的比重有所增长，但在这一指标上，目前，除了高于人口众多的中国外，与其他主要竞争对手相比，每千名劳动者中研究人员的比重还是偏低。

在 2000 年欧洲研究区提出之际，欧盟对其创新竞争力产生忧虑的其中一个因素就是当时欧盟与美国和日本在研究人员存量方面存在的差距，《建立欧洲研究区》报告中采用的是 1997 年各国每千名劳动力中研究人员的数量的对比图，如果将 1997 年的数据与 2015 年的数据放在一起进行比对，可以看出，欧盟每千名劳动力中研究人员的比重虽然提高了，但是与美国和日本仍然存在差距。所以在欧洲研究区建设过程中，虽然欧盟科研人力资源存量增加了，但仍落后于美国和日本，只有努力提高科研人员增长率，才能逐渐缩小差距。

增加科研人才的存量就需要进一步完善教育和培训体系，不仅增加欧盟本土的研究人才，还要吸引世界上其他国家的科研人才。在现有的科研人才存量的基础上，充分提高科研人员的流动率，实现人才的共享也可以达到增加人才存量的效果。对于欧盟国家来说，阻碍人才流动最大的障碍来源于制度。

（二）在产业界工作的研究人员的数量

创新最终由产业界实现，因此增加产业界的研究人员的数量是增强欧盟创新能力的前提条件。与美国和日本相比，欧盟在产业界工作的研究人员数量较少，只占到研究人员总量的 45%，而美国的这一比重是 78%，日本为 74%。欧盟的博士生尤其是处于研究生涯初级阶段的博士生往往缺乏在产业部门就业的能力，这与博士生缺乏在产业部门的实习和培训是有关的。因此，在未来的欧洲研究区建设中还需要在这一方面加强。

（三）对科研人才的吸引力

非本地生源的博士生数量是一国和地区对人才吸引力的重要评价指标。2011年，欧盟所有的博士生中有68%选择在本国就读，8%在其他欧盟成员国就读，24%是来自世界其他地区的生源。英国和法国的非欧洲籍博士生的比重比较高，分别为30%和35%，在西班牙、丹麦、葡萄牙和德国等老牌成员国中，这一比重也相对较高，都在10%以上，新成员国的比重一般都低于5%，立陶宛只有0.03%。可见欧盟新成员国对科研人才的吸引力还较差。

通过本节的分析可以看出，虽然欧洲研究区建设在五大优先发展领域都已经取得了一定成效，但从欧洲研究区建设的目标看，欧盟在全球的创新竞争力并没有达到预期目标，科研投入和科研人力资源也尚需要加快发展速度，创新能力还有待进一步提升。

第三节　欧洲研究区建设的成就与不足

一、欧洲研究区建设取得的成就

（一）促进了欧盟成员国研究创新合作机制的发展

欧盟在建设欧洲研究区的过程中积极发展伙伴关系，协调欧盟、成员国及各研究创新相关组织之间的关系，在广泛征询各方意见的基础上做出合理决策，构建共同的发展远景并制定各种发展路线图和具体发展方案，协调成员国及地区之间的利益，推动研究与创新相关机构开展跨国合作。在欧盟各国加强科技创新合作的进程中，欧盟依照《里斯本条约》第185条赋予的权力参与由若干成员国承担的研究和开发计划并制定条款，在推动欧盟各国创新合作中起到关键作用。欧盟在欧洲研究区建设的十几年中不断摸索，通过多种方式在成员国间推动合作机制的建立和完善，并且逐渐得到成员国及研究创新相关机构的认可。在项目中的合作会增进参与各方的信任度，往往会进一步持续合作，最终确立较持久的合作伙伴关系，形成较完善的研究创新合作机制。

（二）推进了欧盟层面研究和创新政策的发展

一直以来，研究和创新政策是欧盟和成员国共同作用的政策领域，欧盟各国研究和创新政策的不一致也是阻碍欧盟科技创新一体化发展的重要因素。欧洲研究区的建设从三个方面促进了欧盟层面研究和创新政策的发展。第一，以获取资助为条件要求申请者执行欧盟制定的政策和制度。欧洲研究区发展过程中，一些资金资助计划将成员国是否遵守欧洲研究区的规则作为成员国及研究机构能否接受资助的前提条件，这就促使各成员国研究和创新政策在欧洲研究区规则的指导下逐渐趋于一致。第二，欧盟通过合作研发项目平台促进共同研究与创新政策的发展。欧洲研究区发展中欧盟建立了多种形式的合作研发项目平台，在这些由多个成员国参与的联合科研项目中，成员国要遵守欧盟制定的规章制度，这些参与项目的制度规则随着参与科研合作的成员国数量的增加会发展成欧盟层面的研究和创新政策。第三，随着欧盟成员国之间多种形式合作的增多，在合作中会促使成员国制定共同遵守的制度和政策，随着加入合作的成员国数量的增多，这些共同遵守的制度会转化为欧盟层次的政策。如ERSFRI，促进欧盟成员国共建具有泛欧利益的研究基础设施，使参与论坛的成员国逐渐开放其国内的研究基础设施，这必将促进成员国在建设和共享研究基础设施方面的政策趋于一致，逐渐形成欧盟层面的相关政策。随着欧洲研究区在成员国间认可度和支持度的提高，欧盟各国的研究和创新政策也趋于协调和一致，并推动了欧盟研究和创新政策的发展，从而为欧盟科技创新一体化的进一步发展打下基础，进而有利于欧盟通过推进欧盟科技创新一体化进程进一步推动欧洲一体化进程。

（三）促进了知识的流动

知识是创新系统中的核心要素，在欧洲研究区建设过程中，通过纵向协调欧盟、成员国及地区之间的关系，横向协调各创新相关主体之间的联系，为知识在系统内各主体间、在创新链条的各个环节自由流动创造了条件。第一，欧洲研究区建设通过 EURAESS 和"玛丽·斯克沃多夫斯卡·居里行动"促进了作为知识载体的研究人才的流动，研究人员是知识的载体，通过研究人员的自由流动也可以使得知识随研究人员的流动而流动。第二，欧洲研究区建设通过推广研究出版物和数据的开放获取，将接受公共资金资助并通过同行评议的论文在网络上采用免费获取等方式促进研究成果的共享，也促进了知识的传播和流动。第三，欧洲研究区建设通过加强各创新主体的伙伴关系、建立各种交流平台，同样促进了知识在不同创新主体间的流动。

（四）在一定程度上改善了欧洲研究区的市场失灵和系统失灵问题

欧洲研究区建设过程中，整合欧盟、成员国及地区的研究资源，共同增加研究创新投入，在一定程度上解决了某些重大研究项目的资金短缺问题，缓解了投入失灵。通过整合欧盟研究力量、优化研究资源配置，一定程度上解决了创新能力失灵的问题。通过积极促进企业牵头的研究平台的建设，充分发挥了企业在创新转化方面的优势，同时欧盟将联合研究的领域主要定为欧盟各国亟待发展的科研领域及共同面临的社会挑战方面，发展了以需求为导向的创新，在一定程度上解决了市场信息失灵对创新带来的负面作用。在欧洲研究区建设中，通过向落后地区加大科研和创新投入、选派研究领域一流专家到落后地区有发展潜力的高校和研究机构等，提升了欧盟欠发达地区研究机构的创新能力，在一定程度解决了其组织失灵的问题。在欧洲研究区的发展过程中，科研投入制度、专利制度、研究人力资源制度等方面都有一定的发展，完善了欧盟科研和创新的制度环境，缓解了制度失灵的问题。在欧洲研究区建设过程中，成功开发了一系列治理工具，对推动创新主体之间建立合作网络起到了重要的作用。如通过欧洲创新与技术研究院整合欧盟各国高等院校、创新企业和科研机构的创新力量，开展公私合作。通过联合项目计划、欧洲技术平台、联合技术行动等推动产学研机构之间的跨国合作，这些措施有助于解决欧洲研究区中的互动机制失灵问题。在欧洲研究区建设中，通过共建大型研究基础设施和促进研究设施的共享，逐步解决设施失灵问题。

（五）设置了有效的监督机制

欧洲研究区在超国家层面上的治理往往欠缺力度，这就必须建立强有力的监督机制弥补其不足，否则欧洲研究区在建设中很容易出现偏差。欧盟在建设欧洲研究区的过程中逐渐建立起了有效的监督机制。首先，明确欧洲研究区的概念、远景目标、优先发展领域，在成员国一致接受的情况下，通过定期评估欧盟各国的执行情况，及时发现问题和偏差，找到出现问题的原因并提出解决方案或调整发展战略和方案，向着最终目标不断推进。有效的监督机制是欧洲研究区能够顺利开展建设的重要保障。在"欧洲创新记分牌"的基础上，欧盟委员会定期发布各种欧洲研究区相关的报告，如《欧洲研究区发展报告》，对欧洲研究区建设情况进行阶段性评价，各行为主体通过这些报告可以了解到欧洲研究区建设在欧盟层面和成员国层面的最新进展，了解其他行为体行动开展的效果，并通过数据找到自身的差距，有目标地进行调整和改进。欧盟还将欧洲研究区的建设纳入欧洲学期的监管下，如果成员国在预算方面和经济改革方案中对欧洲研究区建设没有具体的实质性安排，欧盟委员会将指出并提出意见，这将促进欧洲研究区更快速地发展。有效的监督机制可以及时获得关于成员国改革进展及研究机构执行效果的准确信息，为欧洲研究区改革方案的确定及相关政策的制定提供可靠的依据。

（六）推动了泛区域创新系统理论的发展

欧洲研究区作为欧盟的泛区域创新系统，是第一次真正将泛区域创新系统的理论运用于实践。欧洲研究区所取得的初步成就证明了泛区域的创新系统是有现实可行性的。欧洲研究区的建设推动了泛区域创新系统理论的发展。

1. 超国家机构在泛区域创新系统中的重要性

在泛区域创新系统中，涉及跨国层面的协调，靠成员国之间自发的互动与合作是不够的，各国之间的定期沟通机制和政治承诺都不能保障泛区域创新系统的形成和发展，必须成立一个超国家机构进行总体协调和监督，逐渐制定所有成员共同遵守的政策和准则，才能保障泛区域创新系统的发展。因此泛区域系统中需要在主权国家之上成立一个超国家机构进行强力的推动和协调。

2. 在开放式协调和伙伴治理基础上建立合作机制

泛区域创新系统中各主体之间的联系比较松散，稳定合作机制的建立更加困难。欧洲研究区通过广泛的开放式协调治理和伙伴治理为各国的研究和创新搭建合作平台，为创新链条上各个部门之间的合作搭建平台，使各主体在合作中进一步加强信任和了解，互相学习，形成研究的网状互动合作机制，建构起泛区域创新网络。因此，在泛区域创新系统的发展过程中加强伙伴关系，通过开放式协调机制进行重大决策和方案的制定是一种可行的治理方式。

3. 在泛区域创新系统内实现制度统一的重要性

制度安排是创新系统的重要组成部分，由于泛区域创新系统涉及不同国家的制度，制度差别会阻碍合作机制的进一步完善，也会影响知识在系统内的完全自由流通。欧洲研究区通过搭建各种项目合作平台和主体交流平台逐渐在小范围实现制度和政策的统一，再逐渐向整个欧洲研究区推广，最终在泛区域创新系统内实现制度统一。

当然，欧洲研究区成员国之间互动机制的探索还有待进一步发展，统一的制度安排更是需要长时间的协调和发展，但欧洲研究区对泛区域创新理论的推进将给世界上其他国家和地区间建立更密切的国际研究与创新合作提供启示。

二、欧洲研究区发展的不足

欧盟在制定"里斯本战略"之际，提出建设欧洲研究区，希望通过打造统一的研究区域在欧盟统一市场的基础上进一步实现研究人员、知识和技术的自由流通。欧盟将 2014 年定为欧洲研究区的实现之年。目前来看，欧盟在推动欧洲研究区建设上做出了很多努力，从法律、政策的制定和推行到各种工具的开发和利用。在欧洲研究区各方主体共同的努力下，虽然研究人员、知识和技术的流通有所加强，区内各主体之间的合作机制正在建立，欧洲研究区的政策指导作用在加强，但成员国及研究相关机构对欧洲研究区建设的支持和参与力度还有待加强，欧洲研究区未来发展的重点集中在欧盟成员国及与研究相关的机构的改革与政策的执行上。

（一）欧盟成员国关于欧洲研究区建设的政策有待进一步完善

欧洲研究区的建设理念和相关建设内容已经成为欧盟和成员国制定研究和创新相关政策时的重要参考内容，欧洲研究区在欧盟成员国政策制定中的指导作用加强。但如果对成员国制定欧洲研究区相关政策的情况进行评价，结果并不乐观。

欧盟对成员国关于欧洲研究区的政策支持情况进行评价，如果确认成员国有关于欧洲研究区的相关政策，得分为1，反之为0。欧洲研究区建设行动的执行情况如果高于欧盟平均值，得分为1，反之为0。评价内容和结果如表5-7所示。

表5-7　　　　　成员国对欧洲研究区政策支持情况评价表

政策领域	政策支持		政策执行	
	有	无	高于欧盟均值	低于欧盟均值
按绩效拨款	1	0	1	0
基于机构评估情况对机构拨款	1	0	1	0
联合研究日程的资金支持	1	0	1	0
性别行动计划的执行	1	0	1	0
基金组织支持性别平等	1	0	1	0
由女性领导的研究机构	1	0	1	0
基金机构的项目内容包括性别层面内容	1	0	1	0
研究执行机构的项目内容包括性别层面内容	1	0	1	0
基金机构支持出版物的开放获取	1	0	1	0
基金机构支持数据的开放获取	1	0	1	0
研究执行机构提供可开放获取的数据	1	0	1	0
基金机构支持知识转化	1	0	1	0
设有技术转化办公室	1	0	1	0
联合身份认证措施	1	0	1	0

数据来源：*European Research Area Facts and Figures* 2014。

通过对成员国的政策制定和执行情况进行评分后，计算并简单加总后得出如下结果：

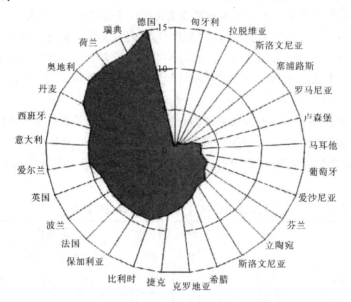

图 5-4　欧盟成员国欧洲研究区的相关政策制定情况得分图

图片来源：《欧洲研究区发展报告 2014》。

从图 5-4 中可以看到，只有德国对表中所有政策领域都有相关支持政策，得分为满分 15 分。得分在 10 分及以上的国家有瑞典、荷兰、奥地利、丹麦、西班牙、意大利和爱尔兰 7 国。也就意味着这些国家制定了表中所列的 2/3 以上的政策。然而有 10 个国家得分在 5 分以下，其中匈牙利和拉脱维亚的得分仅为 1。得分在 10 分以上的国家仅为 8 个成员国，占全体成员国的比重不到30%，可见建设欧洲研究区的相关政策在成员国中的制定情况总体上并不好。欧洲研究区的发展速度和发展水平主要取决于成员国的支持并配合建设的程度，取决于成员国相关政策和战略的制定及执行情况。目前，欧洲研究区建设在政策制定方面还有很多需要进一步完善的地方，因此欧洲研究区的建设肯定也还需要一定的过程。

（二）与研究有关的利益机构对欧洲研究区的支持度还有待进一步提高

研究相关机构是欧洲研究区的最基本主体之一，研究相关机构执行欧盟和成员国制定的欧洲研究区相关政策的情况直接决定了欧洲研究区的建设情况。目前来看，成员国的研究相关机构对欧洲研究区相关政策的执行情况有很大不同。根据《欧洲研究区发展报告 2014》的数据分析，将研究相关机构根据其对欧洲研究区要求的遵从程度分为完全遵从、有限遵从和不遵从三类。

完全遵从欧洲研究区要求的组织（ERA Compliant）：高度参与欧洲研究区，对欧洲研究区的各项行动部分参与或完全参与。

有限遵从欧洲研究区要求的组织（Limited Compliance to ERA）：低度参与欧洲研究区的行动，参与了一些欧洲研究区的行动。

不遵从欧洲研究区要求的组织（ERA not Applicable）：研究性行为比较少的组织，欧洲研究区行动的执行情况不佳。

从调查数据来看，如果按机构数量来说，目前有限地遵从欧洲研究区要求的机构是最多的，为483家，完全遵从欧洲研究区要求的机构数量为424家，不遵循欧洲研究区要求的机构为165家。但如果从研究机构所代表的研究人员数量考虑，完全遵从欧洲研究区要求的组织代表着81%的研究人员。如图5-5所示：

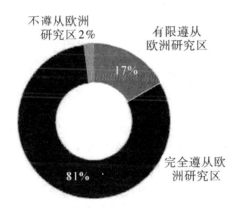

图5-5　2013年欧洲研究区各类研究机构所代表的研究人员的比重图

图片来源：*European Research Area Facts and Figures* 2014。

但如果从成员国的研究相关机构对欧洲研究区相关政策的执行情况来看，结果非常不乐观。

图5-6显示，在表5-6中所列的政策领域中，只有英国、芬兰和荷兰的研究相关机构在10个以上的政策领域中的执行情况均超过欧盟平均水平，在10个以上的政策领域中执行情况低于欧盟平均值的共有7个成员国，其中罗马尼亚除一项政策领域外，其余所有政策领域的执行情况均低于欧盟平均水平。可见，欧洲研究区相关政策的执行情况不尽人意。如果研究相关机构所做的具体工作不能有力推动欧洲研究区的建设，那欧洲研究区的发展将有很长的路要走。

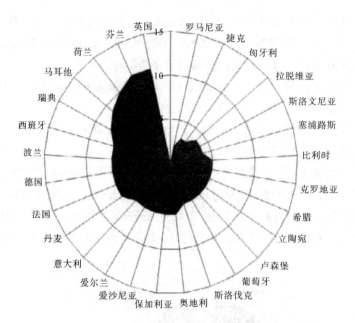

图 5-6　成员国欧洲研究区相关政策的执行情况得分图

图片来源：*European Research Area Facts and Figures* 2014。

（三）欧盟成员国创新能力的较大差距影响全面合作机制的建立

欧洲国家经济发展水平的不平衡是困扰欧盟多年的问题，也是造成欧盟诸多发展问题的根源所在。欧洲研究区是一个泛区域创新系统，将各国的创新系统包容在一个更大的系统中，只有各成员国及区域的子系统协调发展，各成员国的创新相关主体密切合作才能够真正实现欧洲研究区的目标，如果成员国之间的创新能力差距太大势必会影响子系统的协调与合作。虽然在欧洲研究区建设中，欧盟有很多重要举措旨在促进欠发达国家和地区的创新能力的提升，如加大结构基金对欠发达地区教育、科研、培训、研究基础设施的建设和创新项目的投入，选派专家到欠发达地区实地考察并对其创新发展战略进行指导，通过"欧洲研究区席位"行动选派研究领域的顶尖专家及其团队到欠发达地区的高校和研究机构中工作，促进其创新文化的培养及创新能力的提升，但欧盟成员国之间的创新能力差距依然较大。

《2017 全球创新指数报告》显示，如果不算英国，欧盟的瑞典、荷兰、丹麦、芬兰、德国、爱尔兰都跻身前十，而欧盟国家创新力最差的五个国家排名分别是：希腊排名第 44 位，罗马尼亚排名第 42，克罗地亚排名第 41 位，立陶宛排名第 40 位，匈牙利排名第 39 位。可见欧盟国家在国际上的创新竞争力差距是很大的。

《欧洲创新记分牌2016》对成员国创新差距进行了测度。成员国之间的创新差距并没有持续缩小，而是不断反复，如2009年成员国的创新差距比2008年扩大，之后一直趋于缩小，但2013年又有大的反复，创新差距又加大。2014年差距缩小后，2015年差距又进一步扩大。造成成员国创新能力的差距的主要因素是知识的先进性、国际化程度及企业的创新合作水平存在较大差异。成员国在创新系统的开发性、卓越性和吸引力方面也存在很大差异。创新能力的差距影响着欧盟成员国之间的研究创新合作，但差距的缩小不是一朝一夕能实现的，探索不同创新能力的国家开展创新合作的方式也是欧洲研究区建设中面临的一大难题。

根据成员国创新能力水平，可将欧盟国家分为四大组。

创新能力高于欧盟平均水平的"创新领袖国家"：瑞典（SE）、丹麦（DK）、芬兰（FI）、德国（DE）和荷兰（NL）。

创新能力接近欧盟平均水平的"高度创新国家"：爱尔兰（IE）、比利时（BE）、英国（UK）、卢森堡（LU）、奥地利（AT）、法国（FR）、尼亚（SI）。

创新能力低于欧盟平均水平的"一般创新国家"：塞浦路斯（CY）、爱沙尼亚（EE）、马耳他（MT）、捷克（CZ）、意大利（IT）、葡萄牙（PT）、希腊（EL）、西班牙（ES）、匈牙利（HU）、斯洛伐克（SK）、波兰（PL）、立陶宛（LT）、拉脱维亚（LV）、斯洛文克罗地亚（HR）。

创新能力低于上述国家的"低度创新国家"：保加利亚（BG）、罗马尼亚（RO）。

创新能力最强的国家之间的创新能力比较均衡，他们在研发创新投入、企业创新活动、创新产出、经济效应各个方面的表现都很优异。与欧盟其他国家相比，"创新领袖国家"的研发投入较高，申请专利的数量也较多，高等教育部门与工业界和科学界的联系也较紧密。高度创新国家的表现也不错，上述8个方面也都高于欧盟平均水平。只有德国在研发系统的开放性、优越性和吸引力这一方面的表现略低于欧盟平均水平。创新领袖国家、高度创新国家之间的差异性还在不断缩小。

虽然"一般创新国家"和"低度创新国家"的创新增长率较高，如图5-7所示，所有的"低度创新国家"和近半数的"一般创新国家"的创新增长率高于欧盟水平。同时，所有的"创新领袖国家"和半数的"高度创新国家"的创新增长率低于欧盟创新增长率。总体来说，创新能力较低的国家开始努力赶超。欧盟成员国之间创新能力的差距正在变小，但是缩小的速度下降了，目前的速度与 2009 年相当。虽然在某些指标上，成员国之间的差异有所缩小，但如前几节分析，成员国在发展欧洲研究区优先领域方面，往往创新能力落后的国家由于能力受限，优先领域发展的情况也较差，造成成员国在发展欧洲研究区上的进度差异较大。随着成员国的增多，各国经济发展水平、科技基础、科研经费水平千差万别，这就造成了虽然一部分差异小的国家间科技合作的密切程度加深，但欧洲研究区整体的合作机制及创新要素的自由流动存在困难。例如，要想进一步加强成员国之间的研究与创新项目合作，需要依靠统一的资金资助制度及资助项目的选拔方式。然而据《欧洲研究区发展报告 2013》显示，只有30%的研究基金机构执行共同的项目选拔机制。如果成员国之间的创新能力差距过大，那成员国在共同选择优先资助领域、确定共同资助标准及资金分配率上必然存在困难。

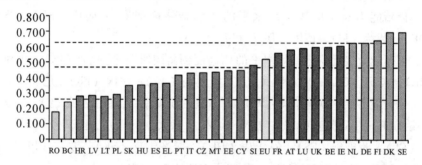

图 5-7　欧盟成员国的创新能力排名图

图片来源：*Innovation Union Scoreboard* 2016。

第六章　欧洲研究区对中国的启示

第一节　欧洲研究区对中国构建国家创新系统的启示

中国计划要在 2020 年建成创新型国家，使科技成为经济社会发展的有力支撑，使创新成为驱动经济增长的首要要素。"十三五"科技创新的总体目标是：国家科技实力和创新能力大幅跃升，创新驱动发展成效显著，国家综合创新能力的世界排名进入前 15 位，迈进创新型国家行列，有力支撑全面建成小康社会目标的实现。同时，要构建国家创新系统，促进知识的共享、人才的自由流动、科技创新项目在国家范围内的合作，有效整合创新资源，是实现创新型国家的有效途径。中国各区域发展不平衡现象还比较突出，在构建国家创新系统的过程中如何协调各区域创新系统、如何加强各区域间创新主体的有效合作、如何实现知识在国家创新系统中的自由流动、如何实现人力资源的跨区域流动与共享都是中国亟待解决的问题。欧洲研究区也是一个创新系统，与单一国家的创新系统相比更复杂，其在促进系统内知识流动和人才流动方面的一些做法很值得我国借鉴。

欧洲研究区是一个泛区域创新系统，欧盟在整合各成员国的创新系统、促进研究人员及知识自由流动方面进行了很多有益实践，其成员国经济发展水平及创新能力差距很大，这点与中国各地区差异情况有相似之处。因此，中国可以借鉴欧洲研究区的建设经验，探索创新主体间有效的合作机制，促进中国的国家创新系统更好地发展。

一、政府自上而下的适时推动

制度安排是创新系统中的重要组成部分。在一个规模较大的创新系统中，制度也会较复杂，各级政府的制度与各创新相关主体的制度交织在一起共同作用，必然需要一个最高层机构对各级制度安排进行统筹。在欧洲研究区的建设中，欧盟作为超国家机构，致力于协调各层级制度，通过制定总的发展战略和框架，逐渐推动成员国之间科技创新政策的一致以及研发创新计划的协调，设计有效的制度激励社会增加对科研的投入，促进科研人员和科研成果的流动，促进各种合作平台的建设，实施有效的监督机制等，对欧洲研究区的发展具有重要影响。在欧洲研究区的建设中，如果没有超国家机构的强有力推动，仅靠各创新主体之间的自发合作，欧洲研究区的建设基本会停步不前。在欧洲研究区建设的这十几年中，欧盟总是审时度势，选择有利时间，不遗余力地推进欧洲研究区的建设，欧盟每一个重大战略或议程提出之时，如推出"里斯本战略"和"欧洲2020战略"之时，都会有欧洲研究区的重要发展报告出台，将欧洲研究区建设适时推进。

中国的中央政府比欧盟机构在治理上拥有大得多的优势，如果能够合理进行制度安排和协调，科学制定法律、政策、战略及指导方针，将能更好地推动国家创新系统的建设。强调制度安排的重要性绝不是回到计划经济时代，只是为更好地统筹各级区域创新系统，更好地协调各创新主体之间的关系，使各地区在共同战略的指导下，制定适合本地区的创新发展战略，避免不必要的重复研究。并不是完全取消研究的分散化，因为适度分散会有助于形成良性竞争从而提高研究和创新的质量，中央政府是要通过制度调控在竞争与合作中找到平衡。

二、分层次建设国家创新系统，加强各子系统的合作

欧洲研究区是一个跨越不同发展水平国家和地区的复杂体，涉及多层次的协调，既包括在欧盟、成员国和成员国地区之间的纵向协调，也包括在政府、企业、高等院校、研究机构和科技服务机构等利益相关者之间的横向协调。

对于这种多层次的协调和治理，欧盟相应地将欧洲研究区的建设分为三个层次，分别是欧盟层次、成员国和地区层次、相关利益机构层次。欧盟层次负责制定总体发展战略，确定优先发展领域，对成员国层次的建设进行指导和监督。成员国在欧盟总战略的指导下根据各地区特点制定各自的发展战略，在各成员国展开相关建设。利益相关机构是具体进行研究和创新的机构，是最基层的主体，具体执行欧盟和成员国的各项政策措施，广泛开展跨地区、跨部门的研究创新合作。

作为超国家层次的机构，欧盟负责欧洲研究区的顶层设计工作，制定发展框架并逐步推进。欧盟三大机构，即欧盟委员会、欧盟理事会、欧洲议会中都有负责欧洲研究区相关事务的机构，还针对欧洲研究区建设的各个重要领域设置了相应的咨询机构，形成了一个机构体系。欧盟委员会主要负责制定欧洲研究区的发展框架，提出优先发展事项和行动建议，组织并推动各相关主体之间的交流，对欧洲研究区的建设进展进行评价。欧盟理事会召集各成员国有关部长定期召开会议，评估欧洲研究区的进展情况，探讨需要采取的新的政策措施。欧洲议会定期举行由各国议会代表和利益相关方参加的会议，了解欧洲研究区的重要进展和关键信息，加强欧洲研究区建设在政治议程中的关注度。与欧洲研究区有关的报告和政策建议一般由欧盟委员会提出，再由欧盟理事会和欧洲议会修正、通过或驳回。

欧盟还有很多的专门机构，具体从欧洲研究区建设的各个方面开展工作。如"欧洲研究区与创新委员会"（European Research Area and Innovation Committee），简称 ERAC，是一个政策咨询机构，为欧盟委员会、欧盟理事会以及成员国提供与欧洲研究区有关的咨询建议，同时也监督欧洲研究区的建设情况。欧洲研究与创新区委员会（European Research and Innovation Area Board, ERIAB）成立于 2012 年 2 月，其主要任务有：就欧洲研究区相关事务向欧盟委员会提供意见，对优先发展领域和行动进行建议，对欧洲研究区和创新联盟的发展和实现情况发表看法，对欧洲研究区和创新联盟的发展情况提供年度报告，把握欧洲研究区和创新联盟的发展新趋势。其成员由欧盟委员会提名和任命。

国家创新系统是各区域层次创新系统的有效整合，国家创新系统与区域创新系统的层级不同，建设侧重点应有所不同。国家创新系统负责制定总体创新发展战略，负责各区域创新系统的协调和监督，避免各区域的重复建设，推动我国的创新主体在国家范围内开展合作，打破区域界限。各区域要建设自己的创新系统，我国可以根据长三角、珠三角、京津冀、山东半岛、中原经济区、成渝经济区六大城市群的划分分别建设这六大区域的创新系统。就像欧洲研究区建设中要求各地区遵守"专业化灵活"战略一样，各区域创新系统的建设要突出自己的地域特色，要接受国家创新系统发展战略的指导，避免雷同。同时，也要突破地域限制，由国家牵头或区域创新主体自发建设各创新主体间的创新合作网络，最终建成完善的国家创新系统。

三、决策前要广泛征询建议

如前文所述，参与欧洲研究区决策的机构非常多，涉及欧盟、成员国及地区、与研究和创新有关的利益相关机构三大类，这些机构既有公共机构，也有营私机构，还有非营利社会组织，涵盖所有创新系统内的机构，决策只有考虑到所有主体的利益，才能使决策容易被接受和执行。在欧洲研究区建设过程中，欧盟在每一项重要的政策建议出台或重要的报告发布之前都会进行广泛的意见征询。意见征集对象包括欧盟相关部门、成员国及其地区的管理当局、私营组织（协会、研究机构、企业）、公共研究机构、大学和高等教育中心、国际组织等，涉及欧洲研究区所有的相关主体。2012年1月，为了找到阻碍欧洲研究区全面实现的瓶颈，欧盟委员会向公众开展了广泛的调查和意见征集，从利益相关者中间收集了大量的意见和数据，分析妨碍研究者、研究机构和商业跨界流通、竞争与合作的因素。在此基础上完成的报告深度分析了研究者和研究机构的反馈意见。结果显示，欧洲的研究者关注职业和流动性、研究基础设施和知识转化问题，大家可以达成共识的是欧洲研究区的建设是非常重要的，尤其是跨界合作、开放资源、国际化、性别问题和治理问题得到了大家的广泛关注。根据收集意见的情况，欧盟及时发布报告《欧洲研究区发展中有待进一步发展的领域》，在此基础上，进一步建立欧洲研究区发展框架。在欧洲研究区的年度发展报告出台之前，欧盟也会组织长时间的广泛调查，涉及所有成员国的所有创新相关主体，还通过调查受访者对调查问卷设置的意见不断调整调查问卷以提高未来的调查质量，调查范围广泛深入基层一线研究人员，使问卷真正反映欧洲研究区的建设现状，能为未来政策的制定提供真实有效的依据。

我国在构建国家创新体系过程中也应该广泛地开展意见征询，收集所有相关主体有代表性的意见。尤其是在制定针对某一领域或某一群体的政策时，比如制定关于促进研究者流动的政策时就应该征求高校、企业、研究机构中第一线研究者的意见，分析在职位招聘、工资待遇、社会保障、研究条件、研究职业吸引力方面存在哪些阻碍研究者流动的障碍，只有这样收集上来的意见才真实、可靠，在此基础上做出的决策才具有针对性和可执行性。

四、重视企业的作用

在创新系统中，企业承担着将研究成果在市场上转化的重任，企业创新能力的强弱直接决定着创新能否最终实现。早在熊彼特的创新理论中，就已经认为企业家在创新中起着关键的作用。欧盟的高等教育机构和研究机构的研究者往往欠缺将科研成果进行市场转化的能力，为解决这个问题，在欧盟的倡议下搭建了一系列由企业牵头的技术开发平台，如欧洲技术平台（ETP）、欧洲联合技术行动等。由企业牵头，充分发挥企业在把握市场需求方面的优势，采取自下而上的方式进行研究计划的制定和研究团队的组建，这样的研究计划必将更符合产业的发展要求，研究成果也具有较强的市场转化能力。中国也存在着产业界和研究界联系松散的问题，高校和研究机构的研究成果往往不能有效地进行转化。中国国家发展和改革委员会副主任张晓强在 2013 年年底时谈到中国的科技成果转化率仅为 10% 左右，远低于发达国家 40% 的水平。国家统计局、科学技术部和财政部于 2014 年 10 月 23 日发布的统计数据显示，2013 年，全国共投入研发（R&D）经费 11 846.6 亿元，比上年增加 1 548.2 亿元，增长 15%；研发经费投入强度（与国内生产总值，即 2013 年 GDP 初步核算数据之比）为 2.08%，中国的科研经费投入已经达到世界前列，但科研成果没有得到转化，就表示并没有实现创新，低的成果转化率只能造成科研资源的浪费。要解决这一现象只有让企业真正成为技术创新的主体，要使企业成为研究项目的发起者和组织者，要建立需求驱动的创新模式，真正提高创新能力。

政府机构在制度安排上可以起到推动和促进的作用，要提高企业申请研究课题的积极性，如在科研资金资助上倾向由企业组织的研究项目，或要求公共资金资助的研究项目的研究团队中至少有一家企业加入。

五、开发多种形式、互相补充的治理工具

欧洲研究区建设过程中，欧盟为协调各创新主体之间的关系，有针对性地设计了一系列治理工具，如前文介绍，欧洲研究区治理工具的目标侧重点不同，运行机制不同，有针对促进欧洲研究区内横向关系的工具，有针对协调纵向关系的工具，还有促进人力资源流动的工具以及监督工具。这些治理工具在设计时，针对性明确、制度规则清晰、严格满足协调关系的目标。如"欧洲创新与技术研究院中"的"知识与创新共同体"明确要求必须由不同成员国的高校、私企、研究机构共同参与。旨在密切关注产业界和研究界关心的"联合技术行动"，要求必须由企业牵头，这既有利于增强科研成果向市场转化的效率，真正实现创新，又有利于私人资金向研究与创新增加投入。欧盟设计了很多种项目平台，促进各利益相关者共同从事研究创新，在 2012 年关于欧洲研究区发展框架所做的调查中，绝大部分的受访者都认为为促进跨国合作开发的各种联合项目是近年来最能调动广大利益相关者参与积极性的举措。联合研究项目使项目参与国在合作中产生高度认同感并逐步建立长期的政治承诺，这是非常有价值的成就。中国也可以借鉴欧盟的经验，根据自身的情况开发一些有效协调创新系统内各主体关系的治理工具。

如中国也可以成立类似"欧洲创新与技术研究院"的人才培养机构，将教学、科研和成果转化集于一体，使企业家参与人才培养中，使优秀的学生在攻读学位的过程中就参与科研和创业，培养同时具备创新和创业能力的创新人才，加强研究与市场之间的联系。

政府也可以资助建立一些联合创新平台，规定必须由来自不同地区的企业、高校和研究机构共同参与，制订联合科研发展计划，针对中国面临的重大社会挑战如环境污染、人口老龄化等重点领域。

欧盟的科研人员网络（EURAXESS）为研究人员供需双方提供网络平台，还为有意向到欧盟国家工作的研究人员提供所需要了解的各类信息，如移民政策、社会福利、待遇等，使全世界范围的科研人才更了解欧盟的科研工作条件，并通过分布于世界各区域的服务中心为科研人员的跨国迁移提供服务。中国目前缺乏这样的网络信息平台，可以建立一个专门针对科研人员的网络平台，各级政府要求科研机构和高等院校及企业将研究相关岗位的招聘信息在平台上发布，网络平台同时提供各省研究人员工作环境及待遇的相关信息。研究人员可以在网站免费发布个人简历，鼓励研究人员跨区域、跨行业从事研究方面的兼职工作。

六、在各区域创新系统中实施灵活的专业化战略

欧盟各国的经济发展水平、创新能力、资源禀赋、文化背景有很大差异，欧盟在推动欧洲研究区建立的过程中追求的是治理模式的统一，而不是创新模式的统一，其治理是在尊重欧盟各国和地区创新系统多样性的基础上，促进各国和各地区制定适合自己的灵活专业化战略，放弃弱势创新，发展优势创新，这样既能保证欧洲研究区内一定的竞争性，又能保证一定的创新优势互补性。欧洲研究区的治理不是抹杀创新多样性的一种制度趋同，而是在保持创新多样性基础上的资源整合。中国各地区的人力资源状况、资源禀赋、产业基础、经济发展水平等也有很大差异，很多地区的高新技术产业园区的产业结构趋同，低水平重复建设现象严重，造成资源的严重浪费。中国可以由政府牵头搭建针对高新技术产业发展的地区交流平台，平台汇集专家、政府主管部门、高新技术产业园区管委会、企业代表、研究机构和高等院校，交流各自在发展中的经验及面临的困难，实现信息的充分交流，各地区要放弃跟风建设，要根据自己的资源条件发展有地方特色的区域创新系统。政府也可以加强监督，要求各地区政府制定符合各地发展特色的创新发展战略，在国家层面上组成评议机构，对于属于重复建设的战略要求重新订立。鼓励不同地区就同一创新领域开展合

作，整合创新资源。

第二节　欧洲研究区对中国开展国际科技创新合作的启示

经济全球化和区域经济一体化是世界经济发展的两大趋势，在这个大背景下，国家之间的科技创新合作也越来越多。国际科技创新合作既有国家政府行为也有民间自发行为，主要包括国家或地区政府间的科技创新合作、企业间的跨国合作、研究机构或大学间的国际合作，还包括科研人员个人之间的跨国合作。国际科技创新合作能够提高创新效率，但国际创新合作往往也受到地域、文化、经济发展水平、政治体制等的影响，各国也都在探索有效的国际科技创新合作方式。中国要想在国际事务中发挥更重要的作用，就必须在推动国际科技和创新合作方面发挥更积极的作用。欧盟地区的科技创新合作较之世界其他区域合作历史更悠久，并在欧洲一体化进程不断推进的过程中逐步加强，科技创新合作机制、合作平台、相关制度建设也在逐步完善。欧洲研究区为实现知识在欧盟范围的自由流通，推动欧盟国家开展科技创新合作，在欧盟国家的各创新主体间搭建合作网络。欧洲研究区在十余年的建设过程中积累了很多经验，值得我国借鉴。

近年来，亚洲地区国家的科技创新能力提升很快，2017 年 6 月 15 日，世界知识产权组织（WIPO）、美国康奈尔大学和英士国际商学院共同发布《2017 年全球创新指数》（GII）报告，在创新指数排名榜中新加坡位列第 7，韩国位列第 11，日本位列 14，中国香港位列第 16，中国内地位列 22。这些亚洲国家和地区的创新差距不大，具备开展研究和创新合作的基础，但是亚洲国家的科技合作进展缓慢，没有有效的科技合作机制，在亚洲国家间尚未形成科技创新的合力。中国应该在加强亚洲国家间的科技创新合作上发挥积极作用，探索有效的合作机制。

一、国际科技创新合作的内涵

国际科技创新合作主要是指两个以上的国家或地区，通过协商制定共同遵守的规则，消除区域内各成员国之间合作的阻碍，通过合作研发、技术贸易①、人才交流等形式实现科技资源共享，整合优势资源，共同研发和创新，最终提升整体的创新能力，解决共同面临的社会挑战。

二、国际科技创新合作的类别

目前世界范围开展的国际科技创新合作形式多样，按照合作主体的不同主要可以分为以下类别：

1. 国家或地区政府间的科技创新合作

主要是指在两个以上国家或地区之间开展的政府主导的科技创新合作，一般在政府间签订科技创新合作协议，由政府组织资源开展科技创新合作。政府间的合作尤其是国家政府间的科技创新合作一般侧重于基础研究或是社会亟待解决的重大技术项目。

2. 企业间的跨国科技创新合作

企业作为主体的跨国科技创新合作往往侧重于应用研究，将目标定位于研制新产品以开辟新市场或占据市场主导地位。开展合作的企业往往生产领域相同，有着共同的开发技术。企业也可以与在行业技术方面与保持领先的国外科研机构或大学开展科技创新合作。

3. 研究机构或大学间的国际科技创新合作

各类研究机构或大学之间的跨国科技创新合作往往侧重于基础研究和技术开发，一般是就共同关注的领域展开研发合作，由不同组织的科研人员共同组成项目组，共享资源，共同开展科技创新。

4. 个人之间的国际科技创新合作

主要是指科研人员与同一研究领域的人员之间相互交流，共享科研信息，合作开展科研。一般表现为共同申请和开展科研项目，最终合作撰写科研论文或研究报告等行为，是一种个人间的行为。

三、科技创新合作的意义

创新是人类社会发展的动力，人类面临很多共同的问题需要靠科技创新来解决，如气候变化、能源、疾病、交通等，这些重大问题靠一国之力往往很难解决。开展创新合作可以共享科研基础设施、科技信息、科技创新人才等，有效的创新合作可以大大提高创新的效率。随着信息化的进一步发展，国际创新

---

① 技术贸易：主要包括技术引进、技术出口、委托设计、委托研究、合作生产、技术劳务引进或输出等。

合作也更加便捷。尤其在发展水平相近、地理位置相近的国家之间，国际创新合作已经越来越广泛。

四、欧盟对我国开展国际创新合作的启示

（一）发展伙伴关系，建立国家间有效的合作机制

欧盟在建设欧洲研究区的过程中积极发展伙伴关系，协调欧盟、成员国及各研究创新相关机构之间的关系，在广泛征询各方意见的基础上做出合理决策，构建共同的发展远景并制定各种发展路线图和具体发展方案，协调成员国及地区之间的利益。在欧盟各国加强科技合作的发展进程中，欧盟依照《里斯本条约》第 185 条赋予的权力参与由若干成员国承担的研究和开发计划并制定条款，在推动欧盟各国创新合作中起到关键作用。虽然亚洲地区不具备欧盟这样的超国家机构，但应发挥各种区域性合作组织的积极作用，中国可以利用各种区域组织及国际论坛组织积极在各国之间发展科技和创新合作伙伴关系。可以首先在容易达成共识的亚洲各国共同面临的挑战方面展开科技合作，如能源问题、气候变化问题、医疗健康问题等，加强政治承诺，在征询各方意见和广泛协商的基础上制订战略合作方案，整合各国科技力量，建立合作机制，应对共同的挑战。

（二）开发有效的合作平台

欧洲在一体化进程的推进中，不断探索欧盟各国科技和创新合作的有效机制，在多年框架计划的基础上进一步推进欧洲研究区建设，试图打造研究创新领域的统一市场。为达到此目标，从欧洲研究区提出以来，欧盟开发了很多有效的治理工具促进欧盟各国的科研和创新合作，推动欧盟创新系统的形成和发展。如通过"欧洲研究区网络"计划打造欧盟各国研究的网络化，通过联合项目计划等行动推动成员国之间的合作。中国也可以尝试在国际科技合作中打造一些合作平台，设置一些各国共同感兴趣的研究议题，联合各国研究人员、共同投资，共建共享科研基础设施，共同开展研究和创新。在联合研究项目的开展过程中使项目参与国在合作中产生高度认同感并逐步建立长期的政治承诺，将会进一步促进各国合作。

（三）设置有效的监督机制

对于较松散的跨国泛区域创新网络，监督机制尤为重要。欧盟在建设欧洲研究区的过程中逐渐建立起了有效的监督机制，定期评估欧盟各国的创新情况，及时发现问题并调整发展战略和方案，有效的监督机制是欧洲研究区建设能够顺利开展的重要保障。在"欧洲创新记分牌"的基础上，欧盟委员会定期

发布《欧洲研究区发展报告》，对欧洲研究区建设情况进行阶段性评价，各行为主体通过欧洲研究区的发展报告可以了解到欧洲研究区建设在欧盟层面和成员国层面的最新进展，了解自身的差距，有目标地制定下一阶段的发展战略。中国在发展多边科技合作时，也应该注重监督机制的完善，可以通过国际上的专家进行同行评议，定期对科技合作情况进行评估，各方代表应定期沟通和讨论，对于发现的偏差应及时纠正。

欧洲研究区通过共同利益将各成员国和地区凝聚起来，通过开放式协调机制和发展伙伴关系加强欧洲研究区的横向和纵向协调，有效开发并利用治理工具，加强欧洲研究区内各创新相关主体之间的合作，既是对泛区域创新系统理论的应用又通过实践进一步推进了理论的发展。欧盟在建设欧洲研究区过程中积累的经验可供中国借鉴，要在中国各区域创新系统的协调发展下，构建国家创新系统，探索中国的国际科技和创新合作模式，使中国在推动区域组织中的国际科技合作机制的建立方面发挥更重要的作用。

第三节　欧洲研究区对京津冀地区建设协同创新共同体的启示

京津冀地区协同发展已经上升到国家战略层面，协同发展必然是一个逐步推进的过程，在不同发展阶段应该有不同的侧重点。科技创新是经济和社会发展的动力，京津冀地区协同发展可以首先推进科技创新的一体化，打造跨区域创新系统，以其为动力进一步推动京津冀地区经济的协同发展。京津冀地区跨行政区，很难自发形成协同创新共同体，需要各级政府制度上的推动，这就涉及制度上的跨行政区协调，需要在治理机制上进行探索。目前，包括美国、日本、欧洲国家在内的很多国家都在积极构建区域性的协同创新体，我国在建设京津冀协同创新共同体时应该广泛借鉴其他国家和地区的有益经验以提高我们的建设效率。京津冀地区协同创新的最大困难之一在于创新能力发展差距较大，据《中国区域创新能力评价报告 2015》显示，从科技创新能力来说，北京、天津已经基本进入创新驱动阶段，而河北还基本处于投资驱动阶段。据《中国区域科技创新评价报告 2016—2017》显示，从综合科技创新水平指数来看，北京和天津综合指数得分高于全国平均水平，处于第一梯队，而河北综合科技创新水平指数在 50 分以下，与京、津有较大差距。可见，河北省创新能力低成为京津冀协同发展的短板。

经过比较与分析，与京津冀地区面临困难比较相似的当属欧盟地区，据每年发布的《全球创新指数》显示，北欧国家瑞典、丹麦、芬兰、德国创新能力与罗马尼亚、克罗地亚和希腊等国差距很大。欧盟于 2000 年提出了建设欧洲研究区，旨在欧盟地区打造协同研究创新共同体，希望在研究区内实现研究人员、科学和技术知识的自由流通。欧洲研究区的建设是推进欧盟各国协同创新的一项创举，欧盟各地区创新能力差距较大，各成员国的制度各不相同，推动各成员国跨国开展协同创新面临着很多困难，在其十余年的建设过程中，取得了初步进展，协同创新体的框架逐步搭建，在推动创新项目合作、人才流动、基础设施共享、创新制度协调方面开展了很多行动，其在推动区域协同创新方面有很多经验值得我国借鉴。但欧洲研究区的研究在我国尚缺乏，本书分析了欧洲研究区建设机制和措施，在总结其可借鉴经验的基础上针对京津冀地区自身特点研究构建京津冀协同创新体的具体措施。

一、协同创新理论的发展

协同理论（Synergetics）亦称"协同学"或"协和学"，是 20 世纪 70 年代以来，在多学科研究基础上逐渐形成和发展起来的一门新兴学科，是系统科学的重要分支理论。其创立者是联邦德国斯图加特大学教授、著名物理学家哈肯（Hermann Haken）。1971 年，他提出协同的概念，1976 年系统地论述了协同理论。协同论所揭示的结构形成的一般原理和规律，不仅有利于我们研究自然现象，而且为我们研究生命起源、生物进化、人体功能乃至社会经济文化的变革等一些复杂性事物的演化发展规律提供了新的原则和方法。协同论告诉我们，系统能否发挥协同效应是由系统内部各子系统的协同作用决定的，协同得好，系统的整体性功能就好。如果一个管理系统内部，人、组织、环境等各子系统内部以及他们之间相互协调配合，共同围绕目标齐心协力地运作，那么就能产生"1+1>2"的协同效应。反之，如果一个管理系统内部相互设置障碍、冲突或摩擦，就会造成整个管理系统内耗增加，系统内各子系统难以发挥其应有的功能，致使整个系统陷于一种混乱无序的状态。

协同创新思想最早源于企业内部的一种知识分享，各创新主体出于共同的目标，进行交流与合作，使创新资源突破分散创新主体间的壁垒，实现资源共享和优势互补，充分实现人才、信息、知识、技术等创新资源的活性，最终形成创新能力整体大于部分之和的效果。协同创新思想逐渐延伸到企业外部的协同创新乃至跨地区、跨国的协同创新。而协同创新理论的研究重点也从传统的创新主体如企业、政府、研究机构、高校，扩展到了市场、战略、文化等。

二、协同创新理论的研究现状

协同创新理论以研究的对象来划分可以分为主体协同创新理论和要素协同创新理论。国内外的学者关于协同创新展开了大量研究。但将协同创新理论与区域创新结合在一起的研究还不是很多。国外学者 Kahn 等（1996）的研究成果主要体现在如何通过创新主体的互动和创新资源的整合来提升区域创新的绩效①。也有学者以欧洲区域创新为例研究区域创新系统中的协同研发问题。还有学者以韩国为背景，研究支持知识经济区域发展的大区域创新战略，在促进集体学习和创新网络的策略中专门提到协同研究中必须要提供相应的激励。我国国内的学者在研究区域协同创新方面也有一些成果，郑刚（2006）提出就协同创新研究的对象来说，协同创新已不再局限于企业、科研机构、高校和政府等传统主体，而是扩展到了战略、市场、组织、文化、创新、知识等要素或子系统上②。李晓刚等（2007）认为东北区域经济发展迫切需要建立协同发展的协作机制，充分发挥三省的互补优势，实现互动共赢。创新是东北区域经济发展的动力源，应基于协同互动建立东北区域创新的自组织机制③。陈丹宇（2009）研究了长三角地区区域创新系统的协同效应，认为协同剩余是区域创新系统的协同动因④。许庆瑞（2010）认为创新要素间的协同，是一个相对于创新主体间的协同更加宽泛的概念，它可以理解为在创新过程中，所有参与要素间的协同⑤。协同原理认为：在外界控制参量的作用下，一个开放系统内部的各子系统之间存在既竞争又合作的关系。通过系统内复杂的多种创新要素从外界获得信息，在其自身条件和发展阶段上形成一定的差异性，形成竞争，从而推动创新系统的有序演化，进一步在竞争的基础上，使各创新要素间通过合作的相互作用形成协同。陈劲等（2012）指出协同创新的内涵本质，并认为协同创新对于区域创新的影响体现在：协同创新可以更好地实现区域内或区域间创新资源的共享，协同在创新资源的整合上更强调区域创新行为主体间的协同作用，通过"互动"和"合作"取得单个创新主体无法取得的协同效应⑥，

---

① Kahn K B. Interdepartmental integration: a definition with implications for product development performance [J]. Journal of Product Innovation Management, 1996, 13（2）: 140-155.

② 郑刚. 全面协同创新——迈向创新型企业之路 [M] 北京：科学出版社, 2006.

③ 李晓刚, 张少杰, 李北伟. 协同互动建立东北区域创新的自组织机制 [J]. 经济纵横, 2007（5）.

④ 陈丹宇. 长三角区域创新系统中的协同效应研究 [D]. 杭州：浙江大学, 2010.

⑤ 许庆瑞. 研究、发展与技术创新管理 [M]. 北京：高等教育出版社, 2010.

⑥ 陈劲, 阳银娟. 协同创新的驱动机理 [J]. 技术经济, 2012, 31（8）: 6-11.

这些都有助于区域创新绩效的提升。随着京津冀协同发展成为重大国家战略，近两年关于京津冀地区科技创新协同发展的研究开始增多。如许爱萍（2014）的论文《京津冀科技创新协同发展战略研究》，分析了京津冀三地由于科技创新资源分布不均衡、创新成果区域间转化存在障碍、创新人才流动受制于体制约束等问题，京津冀三地科技创新协同发展需要在认清三地科技创新优势与困境的基础上，打造京津冀一体化的科技创新体系①。袁刚、张小康（2014）的《政府制度创新对区域协同发展的作用：以京津冀为例》认为，在区域协同发展过程中，由于市场资源优化配置的不足需要政府发挥对经济活动的引导和规范作用。政府作为制度创新的主体能够利用自有优势，弥补市场失灵的缺陷，通过制度创新使地方政府间形成良好的协调合作机制，促进区域经济社会的可持续发展②。曹海军（2015）的《新区域主义视野下京津冀协同治理及其制度创新》认为，京津冀城市群协同治理上升为国家战略后亟须进行顶层设计和制度创新。提出了在中央层面成立高级别的区域发展协调机构、地方政府间的行政协议等制度创新③。鲁继通（2015）进行了京津冀区域协同创新能力的测度与评价。运用复合系统协同度模型，从知识创造和获取能力、技术创新和应用能力、创新协同配置能力、创新环境支撑能力、创新经济溢出能力5个要素测度2008—2013年京津冀区域各子系统的协同创新有序度及整体协同度④。颜廷标（2016）提出京津冀协同创新的中观层面的障碍较大，在分析京津冀协同创新落差及可行性的基础上，归纳了京津冀协同创新的障碍，提出要针对重点协同创新领域。这些研究虽然针对京津冀地区在创新协作方面存在的问题从制度角度进行了一定分析，但这些研究成果多是论述跨区协同创新的重要性，所提建议都是方向性的，缺乏具体措施建议。

三、协同创新共同体的含义

1971年，德国学者Haken最早提出了协同的概念，指系统中各子系统的相互协调、合作或同步的联合作用及集体行为的结果是产生了协同效应。协同

---

① 许爱萍. 京津冀科技创新协同发展战略研究 [J]. 技术经济与管理研究，2014 (10)：119 -123.

② 袁刚，张小康. 政府制度创新对区域协同发展的作用：以京津冀为例 [J]. 生态经济，2014，30 (12)：27-30.

③ 曹海军. 新区域主义视野下京津冀协同治理及其制度创新 [J]. 天津社会科学，2015 (2)：68-74.

④ 鲁继通. 京津冀区域协同创新能力测度与评价——基于复合系统协同度模型 [J]. 科技管理研究，2015，35 (24)：165-170.

创新共同体是各创新主体在共同利益的基础上构成一个整体的群体，群体内存在着有规律的互动和联系。共同体中的各组成部分按照某种方式整合会产生出新的特性，并且各组成部分的相互联系和作用所产生的效果会大于部分之和。

协同创新共同体的建设需要实现几个方面的协同：一是创新资源的协同和共享。创新资源包括知识资源、技术资源、科研设备设施资源。创新资源是实现创新的基础条件，在缺乏有效协同创新机制的情况下，每个地区只能利用本地区的有限资源，不仅影响创新效率，还有可能会造成各地区之间创新资源的争夺和重复研究，形成资源浪费。二是创新主体间的创新项目合作。本书的创新主体指参与和服务技术创新的各类型组织，包括创新型企业、科研机构、高校和创新服务机构。协同创新中最重要的一个层面就是各创新主体在创新项目上开展合作，在重大社会问题和社会挑战方面取得突破。三是创新人才的跨区域自由流动。创新人才是创新的关键要素，创新人才的流动能够带来知识的流动、信息的共享，创新人才的自由流动，还能推动创新能力差距的缩小，推进创新协作。四是创新制度的协同。制度对行为有指导和约束作用，跨区域协同创新共同体的建设需要各区域相关制度的协调一致，如跨区域创新项目的审批和资助制度、人才流动制度、知识产权制度、科研基础设施共享制度等，这是协同创新共同体建设的前提和保障。制度和政策的不协调会阻碍知识共享、知识流动和人才流动等，从而影响协同创新。

协同创新共同体将和创新有关的各主体和要素看成是一个整体，共同体中最重要的要素是知识，知识在创新系统中生产、流动和运用，最终实现创新。共同体中的主体是与知识的生产、传播、使用有关的机构，主要有企业、政府、研究机构、高等院校、各种创新服务组织（包括风险投资机构、科技中介、企业孵化器等），知识在各主体间流动。企业是核心主体，因为企业不仅创造和管理知识，还肩负着知识和技术市场化的重任，是推动创新实现的关键。政府通过法律和政策的制定起着引导和调控的作用，通过监管纠正系统失效问题，参与建设科学技术研发的基础设施，为研究与创新相关活动提供资金支持。研究机构担负着科学和技术研究开发的职能，创造新知识并为企业提供技术支持。高等院校不仅创造和传播知识，还承担着培育创新人才的职能。创新服务组织为其他创新主体提供专业化服务，促进知识的传播和技术的转移。

四、京津冀地区建设协同创新共同体的四个层面

2015 年 3 月 23 日，中央财经领导小组第九次会议审议研究了《京津冀协同发展规划纲要》。中共中央政治局 2015 年 4 月 30 日召开会议，审议通过

《京津冀协同发展规划纲要》。纲要指出，推动京津冀协同发展是一个重大国家战略。京津冀协同发展是全方位、多层次的一体化，协同创新是其中的一项重要内容，要提升京津冀的整体创新能力，使有限的创新资源得到最大化利用，就需要打造京津冀协同创新共同体。近年来，在中央的战略部署和顶层设计下，京津冀三地在创新合作方面快步推进，各类创新平台建设取得了初步成就，共建机制正在初步形成。共建科技园区、共建创新基地、共建转化基金、共建技术市场、共建创新联盟都得到了一定发展。但京津冀地区要想最终建成有效的协同创新共同体还要解决很多问题。要切实推进京津冀协同创新，就必须研究具体的制度对策。在现有的研究成果中，也没有对欧盟经验进行分析借鉴的。京津冀地区经济水平和创新发展能力有一定差距，行政地位不同，对资源和人才的吸引力不同，靠自发形成创新协同共同体是不可能的，必须要进行制度改革，自上而下地推进协同创新。这些与欧盟地区有相似之处，因此研究欧盟地区协同创新方面经验的研究成果是有价值的。

在京津冀地区，科研创新能力发展不平衡，不同行政区的相关科技创新政策也有所不同，科技资源不能有效整合，重复建设现象严重。如何打破京津冀地区创新主体的跨行政区合作障碍、如何实现知识在京津冀地区的自由流动、如何实现创新资源的跨地区流动与共享都是建设京津冀协同创新共同体亟待解决的问题。要建设高水平的协同创新共同体至少要完成以下四个层面的建设：

（一）开展京津冀协同创新共同体的制度建设，提供制度保障

京津冀地区的科技基础、创新能力有较大差异，协同创新共同体不可能自发形成，需要政府自上而下地推动，首先要进行制度建设，通过制度推动协同创新共同体的形成，树立一个鼓励协同创新的制度环境，为协同创新示范区的建设提供制度保障。其次要消除制度的地区差异，在京津冀地区逐渐实现创新相关政策的协调统一。相关的制度建设主要包括创新合作项目的申报和审批制度、项目资助制度、监管制度、创新资源的共建和共享制度、创新人才的社会保障制度等。

（二）为不同地区、不同部门的创新主体搭建创新项目合作平台

创新项目合作是协作创新的基本形式，创新项目合作平台的建设有两种方式，一种是由政府自上而下搭建，另一种是创新主体自下而上地自发组织。两种方式应当相互补充，通过第一种方式带动第二种方式。在项目合作中要加强交流促进优势互补，共同提高，使京津冀地区各创新主体间的协作逐渐成为一种常态。

（三）实现创新人才的跨地区、跨部门共享和自由流动

人才是创新的关键资源，在京津冀地区应能实现充分流动甚至一定程度的

共享。目前，京津冀地区的人才主要呈从欠发达地区向发达地区的单向流动，必须要打破这种趋势，实现人才的全方位交流，最大限度地实现创新人才的共享。

（四）进行网络信息平台的建设

在当今的信息化时代，网络信息平台在信息交流中的作用日益重要。创新项目的合作、人才的流动、创新资源的共享、知识要素的流通等都需要借助网络信息平台。搭建专门的京津冀地区协同创新共同体具有重要的现实意义。

五、借鉴欧洲研究区经验构建京津冀协同创新共同体的对策

（一）完善京津冀协同创新共同体的领导机构体系

京津冀协同创新体的构建涉及北京、天津和河北省的众多县市，行政地位不同、发展基础不同、创新能力不同、现有制度不同，如果仅靠各创新主体之间的自发合作，协同创新体的建成将是一个非常漫长的过程。同欧洲研究区的建设一样，需要一个高于各地区政府层级的机构自上而下进行强有力的推动。相比于欧盟，我国是一个统一的主权国家，中央政府比欧盟在治理地方上拥有要大的权力，如果能针对京津冀协同创新体的构建设置一套完整的领导机构体系，协调京、津、冀各地区的创新发展战略、制度、资源，对协同创新共同体的建设实行有效引导、推动和监督，相信能加速京津冀协同创新共同体的建设进程。

目前，国家已经成立了京津冀协同发展领导小组，由副总理担任组长，也体现了国家加强京津冀协同发展顶层设计的决心。应当在京津冀协同发展领导小组下设置京津冀协同创新领导分组，在总体上负责京津冀协同创新体的构建，制定总体发展战略和方针，推进统一政策和制度的制定，对协同创新共同体的建设进展进行监督和把控，防止偏离发展战略。协同创新就是在创新资源有效整合的基础上实现有效的创新合作，因此协同创新共同体应该实现创新项目的合作、创新基础设施的共享共建、创新人才的自由交流和流动，在信息化时代还应该实现各种信息的及时共享和交流。根据这几大内容，在京津冀协同创新领导组下还应该根据协同创新体建设的几大内容设置相应的办公室，如京津冀人力资源流动办公室、京津冀创新基础设施共享办公室、京津冀协同创新信息网络办公室、京津冀创新合作项目办公室，由这四大部门有侧重地推动不同领域的协同。还应当设置咨询机构，由各地区政府代表、来自不同创新机构的工作人员、政策研究专家等组成，对协同创新共同体构建中的各类措施提供咨询和建议。综上所述，京津冀要协同创新领导机构体系设置，北京、天津、

河北各地区还可以相应地设置地方的管理机构。

北京、天津和河北各市县还可以在本区域内成立相应的机构，每个机构既有所分工、侧重，又密切合作，政府其他部门全力支持，有步骤、有重点地推进京津冀协同创新共同体的建设。

（二）完善相关制度建设

京津冀各地区的科技人力资源、自然资源、产业基础、创新能力等如同欧盟各成员国一样有很大差异，协同创新就是要使各地区在发挥各自所长的基础上整合各地区的资源，形成优势互补，产生"1+1>2"的效果。制度的协调就是要保证创新合作的顺利开展。京津冀地区创新制度的协调并不是自上而下重新制定一套统一的制度体系，而是在现有制度基础上进行调整和协调，有的制度要重新制定，有的要调整，有的要补充，有的要废除，要逐渐在京津冀地区形成统一、协调的创新制度体系。

在欧洲研究区的建设过程中，为促进创新主体的跨地区、跨部门协作，欧盟规定，由政府资助的一些创新项目要求申请者必须两个以上的不同地区、来自两个以上的不同部门。对于一些创新主体自发组织的创新合作项目，在申请欧盟资助的时候，欧盟优先考虑资助跨地区、跨部门开展的合作项目。为了使制度更符合实际发展需要，可以借鉴欧洲研究区的经验，在推动各地区创新主体跨区域合作的过程中发现制度方面的阻碍，有针对性地对制度体系进行调整和完善。对创新合作项目制定统一的资助和管理制度，鼓励京津冀地区的创新主体开展跨区域、跨部门合作。对一些重大的创新项目进行公开的招投标，要求必须由来自两个以上地区、不同部门的创新团队参与投标。鼓励由企业、研究机构和高校自发组成创新项目合作团队，政府可以针对自发组织的京津冀区域内跨地区的合作创新项目及产学研跨部门合作项目制定相关的资助或融资政策。对创新合作项目要开展"同行评议"，根据项目的意义、可行性及成果决定项目是否得到资助。在促进人力资源流动方面，要在户籍制度、医保制度、社保制度等方面进行改革，保证人才在流动中不影响其利益。在研究创新基础设施共建共享制度方面，可以借鉴欧洲研究区的经验在京津冀创新基础设施共享办公室的协调下，制定路线图，有计划地进行基础设施的共建和共享。还可以借鉴欧洲研究区中成员国发展"灵活专业化平台"的做法，由京津冀协同创新共同体领导组牵头搭建京津冀地区协同创新交流平台，平台汇集专家、政府主管部门、高新技术产业园区管委会、企业代表、研究机构、高等院校和创新服务机构的代表，使各区域、各部门交流在发展中的经验及面临的困难。

强调制度协调安排的重要性绝不是回到计划经济时代，只是为更好地协调各创新主体之间的关系，为京津冀协同创新体的构建提供制度保障。

（三）搭建创新项目合作平台

协同创新共同体中的创新项目合作平台应是跨地区、跨部门的合作平台，鼓励高校、创新型企业、研究机构跨地区开展合作。欧洲研究区的建设过程中有很多相关举措，在多个科技领域形成了具有一定规模和影响力的创新合作平台。创新平台工具主要是指成立对区域创新能力提升有重要意义的重大联合项目合作平台，来自不同区域、不同部门的创新主体可以申请加入平台中，共同研发、共同学习并交流经验。

创新合作平台的成立方式有自上而下的方式和自下而上的方式。自上而下的方式是在政府的引导下建立的，即由京津冀协同创新共同体领导组在广泛调查各创新主体意见的基础上选择一些对京津冀地区发展有重大意义的研究课题进行招标，如环境治理问题、能源问题等，要求来自不同区域的创新主体报名，由领导小组选拔课题组成员，组成跨区域跨部门的创新项目联合组。在项目组内，来自不同区域、不同部门的创新主体就能实现创新资源的共享和创新力量的整合，也自然带来了创新人才的交流。由自下而上的方式建立的创新合作平台是由企业、高校或者研究机构跨区域牵头，自发组成合作项目组，申请京津冀协同创新相关基金的资助。欧盟"联合项目行动"创新平台已经在十个领域开展了联合行动，最大的平台已经汇集了近二十个成员国的加入。创新合作平台被证明是促进协同创新的有效工具。

1. 建设创新主体跨地区合作的平台

2003 年，在科技研究委员会（CREST）的会议上提出了"欧洲研究区网络计划"（ERA-NET），旨在协调成员国及地区的研究活动，促进国家研究项目的开放，它为成员国研究项目之间形成网络化联系和成员国开展跨国合作提供支持，鼓励具有共同目标的国家研究项目建立长期、紧密的联系。欧盟于2008 年开展了"185 条款行动"（Art. 185 Initiatives），将欧盟、成员国和地区的研究整合成一个共同的研究项目，如其中的"EMRP 计量学行动"吸纳了欧洲范围内的计量学领域44%的科研资源。

在京津冀协同创新共同体的建设过程中，可以由京、津、冀三地政府组织来自不同部门的专家共同确定一批有重大社会影响的、有条件开展跨地区合作的研究创新项目，也可以互相开放现有的研究项目，开展互惠合作，三地政府共同资助跨区域开展的研究项目，规定必须由来自不同地区的企业、高校和研究机构共同申请加入，通过"同行评议"对研究团队进行筛选，制订联合科研发展计划，有效联系各地区的创新相关主体开展创新协作。

开发各种基金工具，既包括专项基金又包括风险基金。专项基金可以资助跨区域的创新合作项目、资助人才的跨区域交流活动、资助相关咨询机构的建设及各类交流平台和论坛的建设。针对创新项目合作的基金要设置合理的项目选拔和评价机制，注重项目对促进京津冀区域整体发展的作用，项目主体必须来自不同区域。创新往往伴随着风险，风险基金可以资助一些价值大、风险高的创新项目，也应该强调创新项目对京津冀地区的整体价值，设置更科学的评价机制和监督机制。

京津冀地区应该通过创新合作平台将创新资源整合在一起，由京津冀各地区的顶尖人才组成研究团队，对重大的科技创新项目开展共同研究，集中攻克一批对社会发展有重要意义的课题。

2. 搭建创新主体跨部门合作的平台

教育、科研和生产被誉为"知识三角"，科研产生新知识，教育传播知识，生产运用知识。创新的实现在于"知识三角"的有效配合，为了有效整合"知识三角"，欧盟 2008 年成立了欧洲创新与技术研究院（European Institute of Innovation and Technology，EIT），整合欧盟各国高等院校、创新企业和科研机构的创新力量，开展公私合作，培养同时具备创新和创业能力的创新人才，旨在促进从创意到产品、从研究到市场、从学生到企业家的联系。欧洲创新与技术研究院中有多个"知识与创新共同体"（Knowledge and innovation communities，KICs），由大学、研究部门的优秀团队和企业界的利益相关者共同组成，每一个"知识与创新共同体"要包括三个以上的伙伴机构，且必须属于三个不同的成员国，其中必须包含至少一个高等教育机构、一个研究机构和一家私营企业。欧洲创新与技术研究院是推进创新主体之间跨国、跨部门合作的有益探索。

在京津冀地区也可以成立类似欧洲创新与技术研究院的人才培养机构，将教学、科研和成果转化集于一体，使企业家参与人才培养中，使学生有更多的机会参与科研和创业，培养同时具备创新和创业能力的人才，加强研究与市场之间的联系，同时也可通过这种模式加强高校、研究机构与企业的交流与联系。创新型企业应当逐渐成为协同创新共同体中的主导力量，京津冀地区的政府应当鼓励企业联合各相关创新机构对重大战略性技术发展的远景达成共识，之后在技术发展远景的指导下制定战略研究计划并调动人力和资金资源共同执行战略研究计划。

（四）推动人才在京津冀地区自由流动

优秀的研究者能对研究机构的工作成效和文化氛围产生决定性影响，一个高水平的专家能够将一个团队的创新能力提升到一个新高度。但是有些发展水平较低的机构尤其是较落后地区的研究机构由于缺乏研究资金、体制僵化以及研究资源有限等缺陷造成不能吸引优秀的研究者加入。在欧洲研究区建设的过程中，欧盟发起了一项"欧洲研究区席位"行动，为优秀的研究人员和研究管理者创造合适的条件和机会，到有潜力提升其研究能力的不发达地区的研究机构中参与一段时间的研究工作，由高水平的专家及其团队帮助不发达地区的研究团队进步，欧盟可以提供一定资助。

人才的流动受到距离、地区发展水平差异、收入差别、福利差别等多种因素的影响，发达地区对人才有天然的吸引力，目前京津冀地区的人才基本由不发达地区向发达地区单向流动，这样只能造成区域间创新能力的差距越来越大。人才的长期引入受到户籍制度、福利制度、家庭成员利益等多方面因素的影响，这些问题在短期内不好解决。可以在京津冀交通一体化大力发展的背景下，先大力发展人才的短期流动和共享。随着京津冀区域城际间通勤时间的逐渐缩短，如果再对当天往返的科技人员提供进出站方便，使其在京津冀的大多数区域内都可以实现单日往返，相信能够增进人才在京津冀区域内的交流和共享，在整个区域范围内发挥创新人力资源的最大价值。政府为鼓励人才在京津冀地区的自由流动，可以设置一些专项资助项目，对于跨越地区和部门开展合作的创新人才给予资助，资助欠发达地区的科技工作者到发达地区进行交流学习，对自愿流动到欠发达地区的创新人才给予奖励，改进社会保障制度，消除由于人才流动带来的社会福利损失，推动创新人才的双向流动。

（五）搭建协同创新共同体的网络信息平台

在信息化时代，搭建信息平台，提供创新相关岗位信息、人才信息、创新项目信息、创新资源信息有利于促进协同创新的开展。在欧洲研究区的建设过程中搭建了多个信息平台，在促进创新合作和人才流动方面取得了很好的效果。如"欧洲科研人员网络"（EURAXESS）是欧盟委员会启动的促进科研人员在欧洲范围自由流动的一个网络服务工具。它为欧洲科研人员提供信息和服务，有利于科研人员在欧洲范围内实现自由流动，有助于实现欧洲研究区中研究人员的供需平衡。EURAXESS不仅提供职位信息，还提供科研人员关注的其他相关政策信息及迁移服务，消除了科研人员的后顾之忧。

京津冀地区可以建设一个综合信息平台，设置多个板块，如求职板块：京津冀地区的创新主体可以在上面发布职位招聘信息，创新人才可以发布求职意向，有助于创新人才的自由流动。创新合作项目板块：创新主体可以介绍自己的创新项目，发布合作意向，政府也可以就一些重大的科技发展专项发布招投标信息。研究基础设施板块：在平台上可以提供一些可共享的研究基础设施的资料，对于一些投资规模大的重要设施还可以发布共建意向。交流版块：各相关主体可以发布研究成果、合作经验、政策建议等，也可以进行问题咨询。通过网络信息平台增进创新相关主体间的了解和沟通，建立数字化协同创新共同体。

建设协同创新共同体对京津冀地区科技一体化的发展有重要意义，政府在网络建设初期应该发挥引导作用，通过完善相关制度、搭建合作平台、提供专项资助基金等方式推动协同创新共同体的形成。随着创新主体间合作的增多，使创新主体间的自发合作成为主导，使政府逐渐转变职能，成为协同创新共同体的监督者，保证京津冀协同创新共同体的顺利运行，提高京津冀地区的协同创新能力。

推进创新主体跨区域的创新协同是一个复杂的系统工作，涉及不同层级制度的协调以及不同区域、不同部门创新主体的合作，不同地区创新资源的共享，绝不是一蹴而就的。欧洲研究区已经建设了十余年，虽然在欧盟层面已经搭建了基本建设框架，但在成员国地区层面的建设还是遇到了很多阻力。京津冀地区作为我国的一个区域，在协调制度方面比欧洲研究区面临的阻力要小，因此，在借鉴欧洲研究区有益经验的基础上，完全可能比欧洲研究区建设得更高效。京津冀不同地区、不同层级的各创新主体一定要明确自己的定位和发展战略，要有重点、有步骤地逐步积极参与京津冀协同创新共同体的建设。

结论

　　欧洲研究区至今已经建设了十几个年头。欧洲研究区在促进欧盟各成员国之间的研究与创新合作、建立创新相关机构之间的互动机制、促进知识要素的自由流通方面取得了很多成果，但欧洲研究区尚未最终实现其发展目标，距离欧洲研究区的全面实现还有一定距离。欧盟认为欧洲研究区的实现要满足四个条件：成员国都对所有欧洲研究区的动议开展相关改革，相关研究利益机构对动议快速执行，从欧盟到成员国对欧洲研究区政策更加支持，实行透明的监管。目前除了欧盟外，其余主体尚未能满足上述条件。欧洲研究区的建设主体有欧盟、成员国和利益相关者机构三类，这三类主体在欧洲研究区建设中的职责不同，相信未来欧洲研究区的建设必将由三大主体围绕欧洲研究区实现的四大标准继续推进。目前面临的问题不可能单靠欧盟就能解决，主要需要成员国的改变，欧洲研究区是一个变革的催化剂，可以引发成员国的灵活专业化变革，引起更多地区思考本地区的特色及发展长项，并集中力量去发展。欧洲研究区的完成需要所有行为主体的共同支持和努力。

一、欧洲研究区未来发展前景展望

（一）欧盟进一步支持欧洲研究区的建设

　　欧盟制定的多年度框架计划对欧洲研究区的发展起到了很重要的推动作用，框架计划奠定了欧洲研究区的发展基石，欧盟不断加大对科技创新的投入力度，通过一系列行动支持成员国之间和与研究相关的利益机构之间开展合作，成立了多个咨询机构和论坛组织平台，开发了多种治理工具，致力于不断推进欧洲研究区的建设。欧盟还与成员国密切合作，再加上相关利益者的努力建立了欧洲研究区监督机制，这个机制已经成为欧洲研究区政策制定的基础，能够使公众了解欧洲研究区的建设进展。欧盟称欧洲研究区在欧盟层面的建设已经基本完成，说明欧盟在欧洲研究区上的治理模式、治理目标、发展框架上已经确定，但只要欧洲研究区尚未完全建成，欧盟的工作就不会完成，今后欧盟还将会继续通过各种努力推动欧洲研究区的建设。

1. 进一步加大资金支持

欧盟不仅通过"地平线2020"计划进一步加强对欧洲研究区相关建设工作的资助，资助欧洲研究区的各项治理工具，还通过结构基金对欠发达地区加大创新支持力度，支持其灵活的专业化创新战略，支持各种创新合作，促使其缩小与发达地区的"创新鸿沟"。欧盟还根据欧洲研究区的建设需要进一步开发新的金融工具并增加新的资助项目，如2016年欧盟实施的"欧洲研究机构退休储蓄工具"，由欧盟出资帮助覆盖该系统最初的成本花费。

2. 继续完善相关政策的制定

在欧洲研究区建设中，欧盟致力于推进欧盟层次的研究与创新政策的制定和执行，如《欧洲科研人员宪章》和《招募科研人员行为准则》，这两个文件规定了科研人员、雇主、资助方等方面的规章与义务。但欧盟层面统一的研究与创新政策仍相当缺乏，欧盟成员国在创新相关政策上的多样性与不协调给欧洲研究区的建设带来很多障碍。欧盟一定会在开放式协调机制的模式下致力于进一步推动欧盟成员国研究与创新政策的协调，并推动与欧洲研究区发展相关的泛欧层面政策的制定。如"欧洲研究机构退休储蓄工具"（RESAVER）实际就是一项旨在推动研究人员跨国流动的泛欧养老金政策。欧盟今后还会在更多领域致力于欧盟统一政策的制定和执行，要在政策制定前广泛征求各方意见，通过欧盟决策咨询机构中各成员国代表了解各成员国的意见，在参考各方意见的基础上形成的政策首先要求接受欧盟资助的成员国或研究机构接受欧盟制定的政策和标准，再将这些政策和标准逐渐发展成欧盟统一的政策。如继续推动欧盟统一专利制度的正式建立，推进欧盟各国统一的文凭认可标准，推进具有泛欧利益的研究基础设施的共建和共享政策的制定，推进研究数据和研究著作的开放获取制度。

3. 进一步完善监督机制

欧盟目前建立的欧洲研究区监督机制正在发挥重要功效，尤其是将欧洲研究区相关监督纳入欧洲学期之后，对成员国的监管更加有效。但目前的监管主要对象是成员国，且主要内容限于成员国国民经济改革方案中有无实现欧洲研究区需要在国家层面采取的相关改革措施，对于改革方案的执行效果及关于欧洲研究区建设相关政策的制定和执行情况等没有监管措施。对于成员国内的利益相关者也没有有效的监管措施。因此，今后欧盟还要致力于适时扩大欧洲研究区监督机制的监管范围。目前的评价体系也有需要改进的地方，尚未形成完善、系统的指标评价体系，应当经过向专家和欧洲研究区各相关主体广泛地征询意见和建议后进一步改进评价指标体系。

4. 继续开发和利用各项治理工具

欧盟今后一定会努力用好现有的欧洲研究区治理工具，将治理工具的效用发挥到最大。如为利益相关者平台发展新成员，充分利用现有欧洲研究区各主体的交流平台，推广好的经验，通过各种项目平台加强成员国及研究机构间的合作，扩大 EURAXESS 在成员国和国际上的影响，推动研究人员的跨国流动。随着欧洲研究区的推进，欧盟会根据需要继续开发新的治理工具或在原有的工具基础上增添新的内容，突破欧洲研究区发展面临的瓶颈。

（二）成员国层面进一步加强欧洲研究区建设

成员国是将欧洲研究区建设引入国家层面的执行者，总体来说，欧洲研究区对各成员国的影响力在逐渐增强。但由于成员国对欧洲研究区认可度差异及创新能力差异的存在，各成员国对研发和创新的资金投入、对联合研究项目的参与程度、成员国的政策侧重及成员国内研究机构对欧洲研究区政策的执行效果也必然存在较大差异，因此欧洲研究区的建设进度在不同成员国有很大差异。欧洲研究区建设进度在两类国家比较慢，一类是成员国对欧洲研究区的认可度和支持度不高；另一类属于成员国的创新能力不强，与其他国家的发展差距大，使得无法展开有效合作。未来欧洲研究区建设的重点主要是成员国层面的建设。

1. 加大对欧洲研究区建设的支持力度

成员国层面的改革是实现欧洲研究区的关键，如果成员国对欧洲研究区的发展理念不支持和认可，欧洲研究区必定无法实现。欧盟成员国中有些成员国对欧洲研究区的政策支持度还不高，有一些国家对欧洲研究区心存顾虑，怕会削弱自己国家的创新系统。实际上，欧洲研究区不仅不会削弱国家创新系统，反而会增强国家创新系统的能力，欧洲研究区使各国创新系统彼此协作、联系更紧密，更具开放性。欧洲研究区从长远看，肯定是有益于所有成员国的，但是有些成员国并不一定能获得短期利益，也就是需要在一定时期的"奉献"。随着欧洲研究区优越性的逐渐体现，总体来说，欧盟成员国对欧洲研究区的支持度在增强。2014 年，欧洲研究区的相关改革已经体现在 19 个国家的改革方案中，比 2013 年增加了 8 个。2014 年，成员国对提交给欧洲学期的报告已经采纳了共同的报告结构，将继续执行欧洲研究区优先发展行动。2015 年，制定了欧洲研究区的发展路线图，将其作为成员国执行欧洲研究区的改革指导。一些成员国已经开始制定国家的欧洲研究区路线图以加快实施欧洲研究区的相关方案，致力于将欧洲建成具有全球竞争力和吸引力的区域。随着欧洲研究区优越性的显现，成员国肯定会增强对欧洲研究区的参与和支持。

2. 积极参与研究与创新的跨国合作

成员国加强研究与创新领域的合作能够实现创新的规模效益，可以形成优势互补，弥补本国在某项研究资源或研究能力上的不足，能够完成靠一己之力无法实现的目标，更有效地利用创新资源。随着欧洲研究区建设的进一步推进，欧盟成员国之间应该更积极地参与合作，加大对跨国项目的资助力度，并通过各种论坛组织加强与其他成员国之间的交流，吸取好的发展经验，还应从政策制定上进一步为跨国合作扫清障碍，例如采取一致的资金资助政策和项目评估政策，为科研和创新采取的跨国共同行动提供便利。

3. 大力发展灵活的专业化战略

在成员国及地区层面开展灵活的专业化创新战略是欧洲研究区保持竞争性与合作性平衡的前提条件。尤其是对于创新能力落后的国家来说，如保加利亚、拉脱维亚等，这些国家在前面所分析的各个欧洲研究区优先发展领域的表现基本都处于欧盟平均值以下，本身经济发展水平也比较落后，研发资金的投入、研究人力资源的存量和吸引力都比较差。提高创新能力是有效缩小经济发展差距的最佳途径，这些经济发展较落后的国家只有准确把握自身创新优势，在灵活专业化发展战略的基础上建立起国家创新系统、增加创新投入力度、提高创新能力，才能尽快实现赶超，才能有效参与欧盟成员国之间的研究与创新合作。

成员国地区应该建立必要的管理架构，探索出有利于实现创新的体制改革模式，为科研和创新提供更多的资源。欧盟其他成员国也应该根据各自的发展基础和特点制定灵活的专业化战略，避免重复建设，实现优势互补。随着欧洲研究区影响的增大和政策引导作用的加强，成员国对欧洲研究区建设的参与度也越来越高，在欧洲研究区政策指导下制定和调整本国政策，在灵活专业化发展战略的基础上加强合作，借助欧洲研究区提高本国创新系统的创新能力。

（三）利益相关组织进一步积极参与欧洲研究区建设

与研究相关的利益相关组织实际就是对研究与创新进行资助和服务或具体从事研究和创新工作的各类组织，未来欧洲研究区的发展主要依赖于利益相关机构联合创新能力的提高及合作机制的完善。这些组织的行为效果直接决定了欧洲研究区的建设进度，他们是具体执行欧洲研究区发展方案和政策的主体，其对欧洲研究区的支持度及执行度决定了欧洲研究区建设的具体进度。据2014年《欧洲研究区发展报告》显示，积极参与欧洲研究区建设的研究机构的科研人员的人均出版物和专利申请数更多，创造了更多的知识。在国家间进行流动的研究者的研究影响力比不参与流动的研究者要高20%。因此，利益相关组织应该进一步积极参与欧洲研究区建设，在欧洲研究区的不断完善中抓住自身的发展机会。

1. 进行制度改革

利益相关组织应该更积极地参与欧盟和成员国层面关于建设欧洲研究区的行动计划的制定和执行，根据欧洲研究区建设要求完成相应的机构改革。遵守《欧洲科研人员宪章》和《招募科研人员行为准则》，遵守"研究人力资源战略"的指导，遵守"创新型博士培养准则"，在组织中普遍实行公开、透明、以能力为标准的公开招聘制度，在机构中推行性别平等准则，打破研究人员流动的制度障碍，改善研究工作条件，加大对研究人员流动的资助，提高研究职业生涯的吸引力，注重对年轻科研人员的培养，提供能开放获取的研究数据和出版物。

2. 加强与其他创新主体的合作

欧洲研究区的实现取决于区内各主体的创新合作机制的实施效果。企业、高等院校、科研机构和创新服务机构等所有欧洲研究区利益相关者之间应该加强联系与合作，使知识在创新链条的各环节能够自由流通，使创新资源得到有效的配置，进一步增强合作研发的能力及成果转化能力，通过有效的合作机制进一步提升各机构的创新能力。

3. 加强研究性联盟组织的作用

在欧洲，有很多颇具影响力的研究联盟组织，其成员组织众多。目前，欧盟的六大研究联盟组织已经与欧盟签署联合声明备忘录，共同推进欧洲研究区建设，并通过利益相关者论坛加强交流与合作。这六大联盟组织是各类研究机构或研究性大学的代表，近年来一直致力于在他们的成员组织中积极推广欧洲研究区并加强对欧洲研究区治理机制的研究，向欧盟及成员国政府提供咨询建议，对推动欧洲研究区建设起到了重要作用。如"科学欧洲"专门成立了"研究基础设施工作组"，推动研究基础设施的选择及建设。NrodForsk 确认了其优先建设的研究基础设施，推进其成员组织间研究基础设施的共享。今后，这些利益相关者联盟组织必将在欧洲研究区建设中进一步发挥积极作用。

欧盟提出 2019 年建成欧洲研究区，但现在看来欧洲研究区建设还面临着很多困难，欧盟统一的研究与创新政策尚未实现，欧洲研究区内各创新相关主体的联系有待进一步加强，知识和研究者的自由流动需要得到进一步的推动。最新的《欧洲研究区发展报告 2016》认为欧洲研究区建设已经取得了很大进展，欧盟、成员国及研究相关的利益机构之间建立的伙伴关系在其中起了很大的推动作用，欧洲研究区在欧盟层面上已经具备了完成的条件，想要欧洲研究区完全实现，需要成员国层面和相关利益机构继续进行与欧洲研究区相关的改革工作，成员国的改革是关键。

从目前情况看，欧洲研究区的建设尚未满足 2000 年年初提出时候的目标设想。由于欧洲研究区建设情况在成员国间有很大的差异，成员国对欧洲研究区的建设完成时间和效果很难预测，就像当初欧洲统一市场的推进一样，要想在所有成员国全面实现欧洲研究区所预想的目标应该还有很长一段路要走。不过欧盟发布的报告显示，欧洲研究区相关发展措施已经对积极参与的成员国和相关机构产生了益处，随着欧洲研究区优越性的进一步显现，欧洲研究区的建设会得到更广泛的支持，随着各主体建设积极性的增强，欧洲研究区的建设一定会进一步得到全面推进。

二、欧洲研究区有待开展进一步研究的内容

通过前文对欧洲研究区目标的全面解析，对欧洲研究区建设方式、治理模式、建设工具的分析和归纳以及对欧洲研究区建设的全面评价可以得出结论。欧洲研究区对于欧盟泛区域创新系统的构建已经取得了初步成效，跨国协调与合作正在进一步加强，创新系统中各创新相关主体之间的联系机制正在进一步完善，创新系统的监督机制也在逐步改进。欧洲研究区的发展对于泛区域创新系统理论的推进有重要意义。欧洲研究区建设目前仍在继续开展，欧洲研究区的建设仍存在一些障碍需要克服，未来各主体如何采取有效的改革措施、共同清除欧洲研究区实现的各种阻碍，有待进一步探索。随着欧洲研究区建设的推进，其采用何种治理机制，欧洲研究区内部的治理结构如何都有待未来随着欧洲研究区建设的推进进一步展开研究。

参考文献

[1] 约瑟夫·熊彼特. 经济发展理论 [M]. 郭武军, 吕阳, 译. 北京: 商务印书馆, 1991.

[2] G·多西. 技术进步与经济理论 [M]. 钟学义, 等, 译. 北京: 经济科学出版社, 1992.

[3] 冯之俊. 国家创新系统的理论与政策 [M]. 北京: 经济科学出版社, 1999.

[4] 石定寰. 国家创新系统: 现状与未来 [M]. 北京: 经济管理出版社, 1999.

[5] 张凤, 何传启. 国家创新系统——第二次现代化的发功机 [M]. 北京: 高等教育出版, 1999.

[6] 胡志坚. 国家创新系统: 理论分析与国际比较 [M]. 北京: 社会科学文献出版社, 2000.

[7] 李正风, 曾国屏. 走向跨国创新系统 [M]. 济南: 山东教育出版社, 2001.

[8] 王缉慈. 创新的空间: 企业集群与区域发展 [M]. 北京: 北京大学出版社, 2001.

[9] 约翰·N·德勒巴克, 约翰·V·C·奈. 新制度经济学前沿 [M]. 张宇燕, 等, 译. 北京: 经济科学出版社, 2003.

[10] 王春法. 主要发达国家国家创新体系的历史演变与发展趋势 [M]. 北京: 经济科学出版, 2003.

[11] 陈劲, 王飞绒. 创新政策: 多国比较和发展框架 [M]. 杭州: 浙江大学出版社, 2005.

[12] 霍刚·吉吉斯. 变化中的北欧国家创新体系 [M]. 北京: 知识产权出版社, 2006.

[13] 中国创新报告课题组. 国家整体创新系统问题研究 [M]. 北京: 党

建读物出版社，2006.

［14］郑刚. 全面协同创新——迈向创新型企业之路［M］北京：科学出版社，2006.

［15］胡明铭. 区域创新系统：评价发展模式与政策［M］. 长沙：湖南大学出版社，2008.

［16］吴慈生，张本照. 区域创新系统的激发演化机理［M］. 北京：经济科学出版社，2008.

［17］陈洁. 国家创新体系架构与运行机制研究：芬兰的启示与借鉴［M］. 上海：上海交通大学出版社，2010.

［18］拉杰什·纳如拉. 全球化与技术：相互依赖、创新系统与产业政策［M］. 冷明，何希志，译. 北京：知识产权出版社，2010.

［19］许庆瑞. 研究、发展与技术创新管理［M］. 北京：高等教育出版社，2010.

［20］施莫河，拉默，雷格勒尔 国家创新体系比较：德国国家创新体系的结构与绩效［M］. 王海燕，译. 北京：知识产权出版社，2011.

［21］赵中建. 欧洲国家创新政策热点问题研究［M］. 上海：华东师范大学出版社，2013.

［22］柳卸林. 国家创新体系的引入及其对中国的意义［J］. 中国科技论坛，1998（2）：26-28.

［23］刘辉. 欧盟酝酿建立欧洲研究区［J］. 全球科技经济瞭望，2000（5）：22-23.

［24］张天明. 对欧盟科技创新政策的分析和评价［J］. 全球科技经济瞭望，2001（7）：7-9.

［25］金启明. 欧盟创建欧洲研究区战略［J］. 全球科技经济瞭望，2002（8）：10-12.

［26］李正风，朱付元，曾国屏. 欧盟创新系统的特征及其问题［J］. 科学学研究，2002，20（2）：214-217.

［27］魏江. 创新系统演进和集群创新系统构建［J］. 自然辩证法通讯，2004（1）：48-54.

［28］冯兴石. 欧盟的研发政策研究及启示［J］. 中国科技论坛，2007（12）：131-134.

［29］关健，刘立. 欧盟科技计划的优先研究领域及其演变初探［J］. 中国科技论坛，2008（1）：136-140.

［30］邵云飞，王偌鹏. 欧洲区域创新系统的主要特征及其启示［J］. 电子科技大学学报（社科版），2008，10（1）：36-41.

［31］薛彦平. 欧盟创新模式的同一性与多样性［J］. 国外社会科学，2008，（2）：75-82.

［32］安建基. 简析欧盟推动科技创新及促进地区发展的政策［J］. 全球科技经济瞭望，2009（7）：55.

［33］史世伟. 从国家创新系统角度看集群的创新作用——以德国为例［J］. 欧洲研究，2011（6）：58-76.

［34］张涛. 欧盟创新危机下的"旗舰计划"［J］. 科技潮，2011（11）：38-40.

［35］张迎红. 浅析欧盟创新政策的模式演变及未来发展趋势［J］. 国际展望，2012，（6）：121-146.

［36］陈娟，罗小安，樊潇潇，等. 欧洲研究基础设施路线图的制定及启示［J］. 中国科学院院刊，2013，28（3）：386-393.

［37］刘华. 欧盟科技政策对协同创新的启示［J］. 科学技术哲学研究，2013，30（4）：104-108.

［38］段小华，刘峰. 欧洲科研基础设施的开放共享：背景、模式及其启示［J］. 全球科技经济瞭望，2014（1）：68.

［39］史世伟. 从德国集群政策看政府如何纠正创新合作中的市场失灵［J］浙江工商大学学报，2014（5）：73-75.

［40］薛彦平. 挪威提升国家创新能力的重要经验［J］. 国家治理，2014（10）：3-8.

［41］熊小刚. "中三角"跨区域创新系统的协同发展研究［J］. 中国科技论坛，2014（4）：39-44.

［42］李国平. 京津冀地区科技创新一体化发展政策研究［J］. 经济与管理，2014（11）：13-18.

［43］张敏. 欧盟国家科技创新能力研究［J］. 全球科技经济瞭望，2013，28（3）：38-44.

［44］赵江敏，刘海娇. 京津冀一体化区域创新系统的构建研究［J］. 经营管理者，2015（1）：192-193.

［45］张兵. 京津冀协同发展与国家空间治理的战略性思考［J］. 城市规划学刊，2016（4）：15-21.

［46］颜廷标. 基于中观视角的京津冀协同创新模式研究［J］. 河北学刊，

2016（3）：149-154.

［47］王秀玲，王亚苗. 加快京津冀协同创新共同体建设 ［J］. 经济与管理，2017（3）：14-16.

［48］陈丹宇. 长三角区域创新系统中的协同效应研究 ［D］. 杭州：浙江大学，2010.

［49］Bengt-Ake Lundvall. Innovation, growth, and social cohesion ［M］. London：Edward Elgar PUB, 2004.

［50］Bent-Ake Lundvall. National system of innovation：towards a theory of innovation and interactive learning ［M］. London : Pinter Pub Ltd. 1992.

［51］Freeman C. Technology and economic performance：lessons from Japan ［M］. London：Printer Publishers, 1987.

［52］Robert D, Atkinson, Stephen J. Innovation economics——the race for global advantage ［M］. London：Yale University Press, 2012.

［53］Schmookler J. Invention and economic growth ［M］. Cambridge MA：Harvard University Press, 1966.

［54］Philip Cooke, Martin Heidenreich, Hans Joachim Braczyk. Regional innovation systems：the role of governance in a globalized world ［M］. London：UCL Press, 1998.

［55］Philip Cooke. Regional innovation systems：the role of governance in a globalized world ［M］. London：UCL Press, 1996.

［56］Yveline Lecler, Tetsuo Yoshimoto, Takahiro Fujimoto. The dynamics of regional innovation—policy challenges in Europe and Japan ［M］. Singapore：World Scientific, 2012.

［57］Asheim B, Isaksen A. Localization , agglomeration and innovation：towards regional innovation systems in norway ［J］. European Planning Studies, 1997, 5（3）：299-330.

［58］Birgitte Gregersen, Björn Johnson. Learning economies, innovation systems and european integration ［J］. Regional Studies, 1997, 31（5）：479-490.

［59］Branislav Hadzima, Stefan Sedivy, Lubomir Pepucha, et al. Sustainability factors of science parks and research centers in relation to reducing imbalance in european research area ［J］. European Scientific Journal, 2015, 11（1）：237-247.

［60］Doloreux D. What we should know about regional systems of innovation ［J］. Technology in Society, 2002, 24（3）：243-263.

[61] Autio E. Evaluation of RTD in regional systems of innovation [J]. European Planning Studies, 1998, 6 (2): 131-140.

[62] Lance Davis, Douglass North. Institutional change and American economic growth: a first step towards a theory of institutional innovation [J]. The Journal of Economic History, 1970, 30 (1): 131-149.

[63] Louise Ackers. Promoting scientific mobility and balanced growth in the european research area [J]. The European Journal of Social Science Research, 2005, 18 (3): 301-317.

[64] Trippl M. Developing cross-border regional innovation systems: key factors and challenges [J]. Tijdschrift Voor Economische en Sociale Geografie, 2010, 101 (2): 150-160.

[65] Caracostas P, Soete L. The building of cross-border institutions in europe: towards a european system of innovation. [J]. Edquist, 1997: 395-419.

[66] Philip Cooke. Regional innovation systems: competitive regulation in the new europe [J]. Geoforum, 1992, (23): 365-382.

[67] Remi Barre, Luisa Henriques, Dimitrios Pontikakis, et al. Measuring the integration and coordination dynamics of the European Research Area [J]. Science and Public Policy, 2013.

[68] Stephanie Daimer, Jakob Edler, Jeremy Howells. Germany and the European research area [J]. Studien Zum deutschen Innovations system, 2011, 13.

[67] Council of the European Union. Conclusions on Progress in the European Research Area [R]. Brussels: Competitiveness Council Meeting, 2014.

[68] Council of the European Union. European research area progress report 2014 [R]. Brussels: Competitiveness Council meeting, 2014.

[69] Council of the European Union. Resolution on the developments in the governance of the European Research Area [R]. Brussels: 3016th competitiveness Council meeting, 2010.

[70] Council of the European Union. Resolution on the Enhanced Governance of the European Research Area (ERA) [R]. Brussels: 2982nd COMPETITIVENESS (Internal market, Industry and Research) Council meeting, 2009.

[71] Council of the European Union. Conclusions on a reinforced european research area partnership for excellence and growth [R]. Brussels: 3208 Competitiveness (Internal Market, Industry, Research and Space) Council Meeting, 2012.

[72] Directorate-general for Research and Innovation. Recommendations on the implementation of the ERA communication: report of the expert group 2013 [R]. Luxembourg: Publications Office of the European Union, 2013.

[73] European Commission. Horizon 2020 in Brief: The EU framework programme for research & innovation [R]. Luxembourg: Publications Office of the European Union, 2014.

[74] Wiig H, Wood M. What comprises a regional innovation system? An empirical study [R]. Sweden: Regional Association Conference, 1995.

[75] Jos Van Den Broek, Huub Smulders. The evolution of a cross-border regional innovation system: an institutional perspective [R]. Tampere: Regional Studies Association European Conference, 2013.

[76] Kjetil Rommetveit, Roger Strand, Ragnar Fjelland, et al. What can history teach us about the prospects of a European research area? [R]. Joint Research Centre: Institute for the Protection and Security of the Citizen, 2013.

[76] Stefano Breschi, Lucia Cusmano. Unveiling the texture of a European research area: emergence of oligarchic networks under eu framework programmes [C]. Vienna: Evaluation of Government Funded R&D Activities, 2003.

后记

　　这是我人生中写的第一本书，对我来说意义非常。我在写作的过程中又想起了当年写博士论文的日子，稿子一修再修，总是想把最新的资料补充进来，但事情不可能是完美无缺的，不足之处有待在今后的研究生涯中逐渐更正。

　　感谢我的博士导师——中国社会科学院的江时学老师。在写作过程中老师给我提供了很多指导，在忙碌的工作之余还为我作序。江老师对学术研究的热情、对论文写作的严谨、对学生的认真负责，对我的教学和研究生涯产生了重要影响。

　　也要感谢我的硕士生导师——西南交通大学的陈光教授。是他将我领进了学术研究的大门，并让我找到了研究方向。

　　感谢中国社会科学院欧洲研究所所有帮助过我的老师。老师们都很忙，但不管我向哪位老师请教，老师们都会耐心回复我。感谢张敏老师、宋晓敏老师对本书的创作提出宝贵意见，也感谢对外经贸大学的史世伟老师给我推荐研究资料。本书的完成离不开老师们的指导和帮助。

　　人到中年，时间经常不是自己的，使得潜心进行学术研究变得困难重重，但无论如何，吾将上下而求索！